er Eisenbahn

0610

arden Mark

Kassen der Lübeck-Büchener
etzliche Zahlmittel in Zahlung
9. Februar 1924 eingelöst.

Die Direktion
k-Büchener Eisenbahn-Gesellschaft

MIT DAMPF UND DIESEL

DAS HOLSTENTHOR in LÜBECK

ERNST-GÜNTER LICHTE

MIT DAMPF UND DIESEL

Kleine Geschichte der Eisenbahn in Schleswig-Holstein

LN-VERLAG LÜBECK

Abbildung gegenüber Titel: Ein hölzernes Model von Carl Schröder, Lübeck, zum Ausformen einer Marzipantorte: Der alte Lübecker Bahnhof und das Holstentor nach 1853

Autor und Verlag danken der Handelsbank in Lübeck, welche die Herausgabe dieses Buches in besonderer Weise gefördert hat

Umschlaggestaltung: Bernd G. Reichert

Buchgestaltung: Heinz Weiemann

ISBN 3-87498-244-0

Gesamtherstellung: LN-Druck Lübeck

Printed in Germany

Mit Dampf und Diesel

Ein paar Erläuterungen für Nichtfachleute

Achsfolge z. B. 1A1, 1B usw. Zahlen geben nichtangetriebene Achsen an; Buchstaben geben angetriebene Achsen an (mengenmäßig nach Stellung im Alphabet) Reihenfolge von vorn nach hinten, z. B. 1B = vorn eine Laufachse, dann 2 Treibachsen

A.-K. E.-G. Altona-Kieler Eisenbahn

DB Deutsche Bundesbahn

DR Deutsche Reichsbahn

Diligence Eil-Postkutsche

ELE Eutin-Lübecker Eisenbahn

KPEV Königlich Preußische Staatsbahn-Verwaltung

LBE Lübeck-Büchener Eisenbahn

Nivellement eigentlich Abmessung der Höhenunterschiede nach der Wasserwaage, im weiteren Sinne bei Eisenbahnen Bestimmung einer Trasse für die Gleisverlegung

Im Zug der Zeit

Auf Schienen durch zwei Jahrhunderte

Die Augenblicke fügen sich zum Mosaik. Groß, bunt, zusammengesetzt aus vielen Erlebnissen, Momentaufnahmen auf Bahnhöfen, in Wartesälen, in Zügen. Der Bahnsteig mag noch Perron geheißen haben, das Abteil Coupé, und die Fahrpläne wie die Bahnhofsuhren teilten den Tag noch nicht in 24 Stunden. Man sagte 8 Uhr morgens und 8 Uhr abends, der letzte Zug fuhr um 11 Uhr 43, und das war siebzehn Minuten vor Mitternacht.
Der diensttuende Beamte mit der roten Mütze hob noch einen Befehlsstab, dem bei Dunkelheit eine Batterie Licht spendete, und die Amseln in den alten Bäumen beim Bahnhofsgebäude äfften den Ton der Signalpfeife nach.
»LP« stand auf den Schildern an der Strecke, »Läuten und Pfeifen«, und am Bahnwärterhäuschen stand der Mann mit der eingerollten Flagge zum Zeichen, daß alles seine Ordnung hatte, wenn der Zug an der Schranke oder Blockstelle vorüberrollte.
Dritter Klasse zu reisen, war Inbegriff des Luxus. Auf den harten, geraden Bänken der »Vierten Güte« packten wir Brot, Ei und Apfel aus, und hundert Kilometer Bahnfahrt waren eine Weltreise.
Zu Hause spielten wir Bahn. Zum Geburtstag gab es eine große Pappscheibe, auf der rote Mütze, Befehlsstab, Lochzange und ein Block Fahrkarten befestigt waren. Karten zu knipsen, war ein besonderes Vergnügen, und manchmal löcherten wir die Beamten am Knipserhäuschen der Bahnsteigsperre, uns abgefahrene Fahrkarten zu schenken. »Fahrausweise sind kein Spielzeug«, sagten sie dann wohl in gutem Amtsdeutsch und mit Würde, aber wir bekamen sie.
In den Abteilen hingen Schilder, »Nicht in den Wagen spucken« stand dort – und daß es verboten sei, feuergefährliche und übelriechende Gegenstände mit sich zu führen. Für »Reisende mit Hunden« gab es reservierte Abteile, »Reisende mit Traglasten« nutzten den Freiraum zwischen den Bänken der 4. Klasse.

Unerfüllter Traum der Kinderzeit: Im Bremserhäuschen zu fahren oder Heizer auf der Lok zu sein, der die Kohlen vom Tender ins glutende Maul der Feuerung schippte. Unauslöschliche Eindrücke: Die Ballade von der Brücke am Tay und die Geschichte von der Weihnachtsfahrt Martins, der seinen Zug rettet. Unvergessen das Bemühen des Lateinlehrers, der ein Patent zur Überwindung des Schienenstoßes bei der Eisenbahn beantragt hatte. Unverklungen Arthur Honeggers Rhapsodie »Pacific 231«, realistisch-poetisches Klangwerk um eine Schnellzuglok.

Freie Fahrt

1835, siebter Dezember. Das »Stuttgarter Morgenblatt« läßt seinen Korrespondenten berichten, vom Verkehr der ersten deutschen Eisenbahn: »Pferde auf der nahen Chaussee sind beim Herannahen des Ungetüms scheu geworden, Kinder haben angefangen zu weinen, und viele Menschen haben ein leichtes Beben nicht unterdrücken können. Ja, es möchte wohl keiner, der nicht völlig phantasielos ist, ganz ruhigen Gemütes und ohne Staunen beim Anblick dieses dampfspeienden Ungeheuers geblieben sein.«
Drei Jahre später, am 22. September und 30. Oktober 1838, fährt eine Bahn von Berlin, vom »Eisenbahn-Hof am Potsdamer Thore« nach Potsdam. In 45 Minuten »rast« sie die 26 Kilometer lange Strecke entlang . . . viel bestaunt und ein wenig gefürchtet. Eine solche Geschwindigkeit, lassen sich auch die Herren Medici hören, könne die menschliche Konstitution wohl nicht aushalten. Ein Reichsgerichtsurteil vom 17. März 1879 scheint das, aus etwas anderer Perspektive zu bestätigen:
»Eisenbahn ist . . . ein Unternehmen, gerichtet auf wiederholte Fortbewegung von Personen oder Sachen über nicht ganz unbedeutende Raumstrecken auf metallener Grundlage, welche durch ihre Konsistenz, Konstruktion und Glätte den Transport großer Gewichtsmassen, beziehungsweise die Erzielung einer verhältnismäßig bedeutenden Schnelligkeit der Transportbewegung zu ermöglichen

bestimmt ist, und durch diese Eigenart in Verbindung mit den außerdem zur Erzeugung der Transportbewegung benutzten Naturkräften (Dampf, Elektricität, thierischer oder menschlicher Muskeltätigkeit, bei geneigter Ebene der Bahn auch schon der eigenen Schwere der Transportgefäße und deren Ladung usw.) bei dem Betriebe des Unternehmens auf derselben eine verhältnismäßig gewaltige (je nach den Umständen nur in begrenzter bezweckter Weise nützliche, oder auch Menschenleben vernichtende und die menschliche Gesundheit verletzende) Wirkung zu erzeugen fähig ist.«

Kein Mangel an Ideen

Es gab seltsame Ideen, »Transportbewegung auf metallener Grundlage durch thierische Muskeltätigkeit zu erzeugen«, und vorzügliche Denker und Erfinder waren sich nicht zu schade, hierzu Beiträge zu leisten. So überrascht uns ein in Leipzig erschienener »Illustrirter Kalender für 1851. Jahrbuch der Ereignisse, Bestrebungen und Fortschritte im Völkerleben und im Gebiete der Wissenschaften, Künste und Gewerbe« mit einem solchen Beitrag, der von Clemens Mazerano erfundenen »Impulsoria«. Der Piemontese hat sich ein altes Prinzip der Kraftübertragung zur Arbeitsleistung ausgewählt, um seine Lokomotive anzutreiben: »Diese neue Locomotive besteht in der Hauptsache aus einer schiefen Ebene ohne Ende, welche sich um einen eigenthümlich geformten Rahmen mit höchst geringer Reibung so fortbewegt, daß die Pferde, welche auf derselben wie auf einer Tretscheibe in unseren Roßwerken arbeiten, durch ihre Gangbewegung diese Ebene unter sich fortschieben, ohne daß sie selbst von der Stelle kommen. An der sich auf diese Weise nach und nach fortschiebenden Ebene befindet sich unten eine gezahnte Stange, welche die gradlinig fortgehende Bewegung auf einen Drehling fortpflanzt, welcher auf der Achse des Triebrades aufgezogen ist, das dadurch in Umlauf versetzt wird und, ganz nach Art der bis jetzt gebräuchlichen Dampflocomotive, das Locomotiv und mit diesem den angehängten Train auf den Schienen fortbewegt«.

Die Abreise
2. Klasse

1854 stellte der englische Maler und Illustrator Abram Solomon seine Bildstory aus: Zwei Gemälde mit den Titeln "The Departure" und "The Return". Zwischen Abreise und Rückkehr liegt die Karriere des Helden vom Schiffsjungen zum Schiffsoffizier, sein sozialer Aufstieg

Der beigegebene Holzstich zeigt dem Leser das neue, umweltfreundliche Wunderwerk, das seine erfolgreiche Premiere in London hatte: »Die auf der Nine-Elms-Station der Südwestbahn zur Probe arbeitende Locomotive ist nur für zwei Pferde gebaut und erfüllt ihren Zweck vollkommen, denn sie hat schon, trotz der ziemlich starken Steigung dieser Bahn, Trains von mehr als dreißig Wagen gezogen ... Der vorzügliche Nutzen aber, welchen dies neue System darbieten

von der zweiten zur ersten Klasse der Eisenbahn. Diese Genre-Bildgeschichte fand so großen Anklang beim Publikum, daß sie als Radierung und Lithographie in England und Deutschland tausendfach verbreitet wurde

Die Rückkehr 1. Klasse

dürfte, wird sich auf die Zweigbahnen erstrecken, da für den untergeordneten Betrieb derselben die Dampfkraft zu teuer ist.«
Von Überlegungen und Experimenten zu rationeller Nutzung – gleichsam sekundärer Art – berichtet der »Hannoversche Volks-Freund für gebildete Leser aller Stände« im Januar 1844.
»Wie die Eisenbahn das Merkantilische erleichtert, so ist sie auch der Vehikel zu neuen Erfindungen geworden. Längst schon war in tech-

nischen Blättern die Rede davon, die Eisenbahnen zu Mühlen zu verwenden oder richtiger, Mühlen an ihnen anzubringen, die durch die gewaltige Kraft des Stoßes, den die Wagen erhalten, die Mühlensteine treiben und das Mehl mahlen sollten. Dieser Gedanke hat wieder auf einen anderen geleitet, nämlich Milch in Butter zu verwandeln. Man hat, wie uns eins der vortrefflichsten Blätter, »Das Ausland«, berichtet, bisher aus New-York blos nach Charlestown und Havannah für 100 000 Dollars Butter eingeführt. Jetzt hat man ein Butterfaß im Großen in Form eines Eisenbahnwagen eingerichtet und schüttet nun die Milch in das 40 Gallonen haltende Faß, sie wird, da eine Feder am Boden angebracht ist, welche durch das Rollen des Wagens eine Menge Stäbe in Bewegung setzt, durch dieselben gepeitscht und bis man am Orte der Bestimmung anlangt, in Butter verwandelt . . .«

Poetisches

Weder die butternde Bahn noch die Roßtrittbahn haben die Schleswig-Holsteiner, die Hamburger und Lübecker erleben dürfen. Die Leser gebildeter Stände werden das bedauert haben. Der Eisenbahn aber fiebert man entgegen, nachdem die Berichte aus England, aus Nürnberg, aus Potsdam und anderswo ihren Weg ins meerumschlungene Land zwischen Nord- und Ostsee gefunden haben. »Mit eines Hochedlen und Hochweisen Raths Special-Privilegio« und um zwei Schillinge zu erwerben, gibt der Ingenieur J. C. Köster zu Hamburg seinen Kalender »gemeinnütziger Almanach auf das Jahr 1842 nebst Anhang nöthigen und nützlichen Inhalts« heraus, auf dessen letzter Seite uns ein niederdeutscher Poet mit seinen Gedanken über »De Isenbahn« vertraut macht. Der Wunsch, dieses Verkehrsmittel bald auch im Norden eingesetzt zu sehen, wird deutlich in dem Vers:

»Des Sommers is't ook gar to nett,
Wenn man dörch Damp sick fahren lett;
De fritt keen Hawer, as de Peer.
Och! wenn't doch man so wiet erst weer!«

Ein Bild der von Clemens Mazerano erfundenen »Impulsoria« veröffentlichte ein »Illustrirter Kalender für 1851«, in Leipzig erschienen

Der Reimer von der Alster vergißt aber auch nicht, ein Problem anzusprechen, das von der Erfindung des Segels bis zur Kernkraft alle neuen Energien und deren Nutzung in heißen Disputen begleitete, die Frage nach der Gefährdung des Menschen:

»Een Deel steiht abers mi nich an:
Datt man ook mal ümsmieten kann,
Un wenn so'n Lokumtiv mal springt
Un uns flink na den Himmel bringt.

Doch datt passert, un maakt keen Qual,
Woll alle hunnert Jahr eenmal;
Löppt ook toletzt upp eens hennuth,
Man flügt mal upp – un denn is't uth!«

Gedanken zum »Umschmeißen« und zur möglichen Kesselexplosion haben den Siegeszug des Zuges nicht aufgehalten.

Unpoetischer Status

Man schrieb 1784, als James Watt ein Patent auf beweglich gemachte Dampfmaschinen zum Fortschaffen von Wagen erhielt. Erst 1802 aber bauen Trevithick und Vivian die erste brauchbare Lok, und dreizehn Jahre später, 1815, gelingt Stephenson der endgültige Durchbruch. Zunächst mit einer Kohlenbahn bei Newcastle upon Tyne, zehn Jahre später, 1825, mit einer dem öffentlichen Verkehr dienenden Eisenbahn zwischen Stockton und Darlington, die 16 bis 17 km/h schnell ist. Seine für die Manchester-Liverpool-Bahn konstruierte neue Lok zog 1829 bereits das Fünffache ihres eigenen Gewichts bei einer Geschwindigkeit von 14 bis 20 englischen Meilen in der Stunde, also etwas 30 Stundenkilometern.
Nun ziehen andere Staaten nach, unter ihnen Bayern mit der Nürnberg-Fürther Bahn am 7. Dezember 1835. Die deutsche Kleinstaaterei allerdings ließ einen raumgreifenden Verkehr der Bahn kaum zu, Zollschranken bildeten schwer überwindbare Hindernisse. So besteht das deutsche Streckennetz 1836 aus ganzen sechs Kilometern Länge, weist 1840 bereits 548,9 Kilometer auf, 1865 schon 14806 Kilometer; 1885 steigt die Streckenlänge auf 39 141 Kilometer und wird 1891 mit 43 424 Kilometer längstes europäisches Eisenbahnnetz. In der Bundesrepublik Deutschland sind es heute 28 500 Kilometer . . .

Mit nicht geringer Erwartung

Der Lübecker Korrespondent der Zeitung »Königlich privilegirtes gemeinnütziges unterhaltendes Itzehoer Wochenblatt« taucht die

Von B. Exner, Kiel, und aus dem Jahre 1937 stammt dieses Ölgemälde, das den Doppelstöcker der Lübeck–Büchener Eisenbahn beim Verlassen des Lübecker Hauptbahnhofs zeigt

Kniefeder in die Eisengallus-Tinte und beginnt seinen Artikel für die Ausgabe vom 12. Januar 1844:

»Lübeck. Mit nicht geringer Erwartung sehen wir der Entscheidung aus Kopenhagen entgegen, die die Richtung bestimmen wird, welche die Berlin–Hamburger Eisenbahn durch das Herzogthum Lauenburg nehmen soll. Bekanntlich kommen hier zwei Routen in Frage: die (Stadt-) Lauenburger und die Büchener. Die erstere hat Nichts für sich als das Particularinteresse der an der Mündung des Stecknitz-canals in die Elbe gelegenen und von der großen Hamburg-Berliner-

Chaussee durchschnittenen Stadt, will man nicht etwa in die Wagschale werfen, daß durch diese Route die Berlin-Hamburger Eisenbahn uns Lübeckern zwei Meilen weiter entfernt gerückt wird (was ihr in den Augen gewisser Leute allerdings einen Vorzug giebt).«

Der Journalist denkt einen Augenblick nach, dann beginnt er einen neuen Absatz:

»Man ist hier besonders deshalb so gespannt auf die Entscheidung aus Kopenhagen, weil die Idee eines Anschlusses Lübecks an die Hamburg-Berliner Eisenbahn so nahe liegt. Wir glauben von der Weisheit und Gerechtigkeit der Dänischen Regierung erwarten zu dürfen, daß sie einem solchen Projecte nicht abermals Hindernisse in den Weg legen und Kiel auf Kosten des Herzogthums Lauenburg protegieren werde. Eine Lübecker Zweigbahn würde die ganze zwischen hier und Büchen (evtl. Lauenburg) gelegene Landschaft mit dem Hamburg-Berliner Schienenwege und folgeweise mit dem deutschen Eisenbahnnetz in Verbindung setzen.«

Katzenjammer und Elogen

Am 29. März 1844 klagt der Korrespondent im Itzehoer Wochenblatt:

»Wer könnte heute läugnen, dass Lübecks Handel in den letzten Jahren die empfindlichsten Schläge erlitten, und dass er sich noch nicht völlig davon erholt hat . . . Ist es Lübecks Schuld, dass man ihm die Erlaubniß verweigerte, eine Eisenbahn nach Hamburg zu bauen?«

Die Bahn nach Büchen wird noch auf sich warten lassen. Erst am 16. Oktober 1851 wird sie erstmals die 48 Kilometer lange Strecke Lübeck–Büchen befahren, dann aber eine Bedeutung erlangen, die selbst Meyers Lexikon von 1894 die Lübeck-Büchener Eisenbahn zu den acht prominentesten Privatbahnen zählen läßt. Erbaut worden war sie mit Hilfe der Commerz-Bank in Lübeck, der heutigen Handelsbank in Lübeck, und 20 790 000 Mark Stammaktien sowie 12 087 900 Mark Prioritätsobligationen, und in ihrer Bilanz von 1891/92 beweisen Betriebsmaterial, Leistungen, Einnahmen und Ausgaben,

Abgangszeit der Eisenbahnzüge.

I. Von Hamburg nach Berlin (Schwerin, Lübeck, Magdeburg).

Vom 1. Mai 1858 an.

Meil.	50 ℔ Gepäck frei.	Mrg.	Mrg.	Mitt.	Abs.	C.Z. Abs.	Tarif in ℳ u. ß. I.		II.		III.		Cour.-Z. I.		II.	
	Aus Hamburg	7^{30}	9	12^{15}	5	10^{30}	von Hamburg ab									
2^1	„ Bergedorf.........	7^{55}	9^{30}	12^{45}	5^{35}	10^{55}	1	—	—	12	—	8	1	6	—	15
4^9	„ Schwarzenbeck	8^{40}	10^{15}	1^{30}	6^{25}	—	2	7	1	13	1	6	—	—	—	—
6^3	in Büchen...........	9	10^{40}	1^{49}	6^{50}	11^{40}	3	3	2	6	1	12	4	2	2	14
	in Lübeck	10^{11}	—	3^{40}	8A.	—	6	6	4	12	3	8	—	—	—	—
8^1	aus Boizenburg	9^{25}	11^5		7^{20}	12	4	2	3	1	2	4	5	5	3	12
9^9	„ Brahlsdorf........	9^{45}	11^{25}		7^{45}	—	5	—	3	11	2	12	—	—	—	—
12^5	„ Hagenow	10^{20}	12^{15}		8^{35}	12^{45}	6	3	4	11	3	7	8	4	5	12
	in Schwerin	1^{35}	1^{35}		9^{35}	—	—	—	—	—	—	—	—	—	—	—
15^3	„ Ludwigslust	10^{55}	12^{55}	Vom Mai bis October.	9^{10}	1^{15}	7	8	5	12	4	3	10	1	7	1
16^3	„ Grabow..........	11^{10}	1^{15}		9^{30}	1^{25}	8	—	6	2	4	8	10	2	7	8
21^2	in Wittenberge	12^{15}	2^{30}		11A.	2^{20}	10	8	7	15	5	13	13	15	9	12
	in Magdeburg ...	3^{40}	$9\frac{1}{2}$A.		—	$9\frac{1}{4}$fr.	—	—	—	—	—	—	—	—	—	—
	aus Wittenberge	12^{20}	3^5		$5\frac{3}{4}$fr.	2^{25}	—	—	—	—	—	—	—	—	—	—
23	„ Wilsnack..........	12^{45}	3^{35}		6^{15}	—	11	7	8	10	6	5	—	—	—	—
24^5	„ Glöwen	1^5	4^{10}		6^{40}	3	12	3	9	3	6	12	16	2	11	5
27	„ Zernitz	1^{30}	4^{55}		7^{20}	—	13	6	10	2	7	7	—	—	—	—
28	„ Neustadt a.d.D. ...	1^{50}	5^{20}		7^{45}	3^{35}	13	14	10	8	7	11	18	7	12	14
29^8	„ Friesack... Sonnt..	2^{10}	5^{55}		8^{15}	—	14	12	11	2	8	3	—	—	—	—
33^3	„ Nauen.... $7\frac{3}{4}$ Ab..	2^{55}	7^5		9^{10}	4^{30}	16	8	12	7	9	3	21	15	15	5
36^5	„ Spandau.. $8\frac{3}{4}$ „ ..	3^{30}	8^5		9^{55}	5	18	—	13	10	10	1	24	—	16	13
38	in Berlin.... 9^{25} „ ..	4^{15}	8^{45}		10^{30}	5^{20}	18	12	14	3	10	7	25	—	17	8

Abfahrtzeiten und Fahrpreise sind schon 1862 so wichtig, daß sie auch der »Neue Hamburger Reform-Kalender« des Jahres veröffentlicht

daß hier ein gesundes und florierendes Unternehmen existiert, dem man aus Kopenhagen anno 1844 kein Placet geben wollte.

Von ihr, von Staats-, Privat- und Kleinbahnen im Schienennetz zwischen Nord- und Ostsee berichtet dieses Buch, das Zeugnis gibt von privater Initiative wie politischer Engstirnigkeit, von Kapitaleinsatz und technischem Fortschritt, von Konkurrenzdenken und Verkehrsproblematik und immer wieder eines deutlich macht: die besonderen Gegebenheiten historisch-politischer, geografischer und wirtschaftlicher Natur, mit denen die Eisenbahn im nördlichsten Norden Deutschlands fertig werden mußte, ein Kapitel Eisenbahngeschichte voller Reiz und Spannung.

Schienenweg ins dritte Jahrtausend

»Ein Streckennetz von 1,2 Millionen Kilometern überzieht gegenwärtig die Welt. Seit 1960 wurden mehr als vierzigtausend Kilometer in Betrieb genommen, rund dreißigtausend Kilometer sind im Bau, weitere zwölftausend Kilometer dürften bis Ende des Jahrhunderts noch gebaut werden. Dabei sind Stadt- und Vorortverkehr nicht berücksichtigt.«
Fakten und Zahlen, die der Generalsekretär des internationalen Eisenbahnverbandes, Bernard de Fontgalland, auf der Internationalen Verkehrsausstellung (IVA 1979) in Hamburg nannte. Sein Fazit: Die Eisenbahn bleibt auch am Ende des 20. Jahrhunderts ein sehr aktuelles Verkehrsmittel.
Es mag sein, daß eines Tages vom geflügelten Rad nur die Flügel bleiben. Die Magnet-Schwebebahn startet räderlos ins dritte Jahrtausend, wie Dampf und Diesel vom Chor der Neinsager begleitet. Übermorgen, vielleicht morgen schon wird der Protestsong verhallt sein. Zurück bleibt die Faszination, wenn die Bahn sich - wieder - eine neue Dimension erschließt.

Jürgen W. Scheutzow

Karikatur aus der Hamburger Zeitschrift »Reform«, 1887

Der Grund zur Besorgniß.

Bäuerin: Segg He mal, miin Goode, da passirt so veel Unglück op de Isenbahn — mit düssen Zug wardt dat doch keen Malör gewen?
Beamter: Nein, bei diesem harmlosen Bummelzug geschieht gewiß nichts, seien Sie unbesorgt um Ihr theures Leben.
Bäuerin: Nä, nä, dat is nich um mien bitten Leewen, awerst ick heff en Korw mit Eier bi mi, wenn de twei gaht, dat weer doch schrecklich!

Ohne Straßen kein Handel

Seit Jahrhunderten bilden Handel und Verkehr einen wichtigen Teil des Zusammenlebens der Völker. Schon früh formten sich bestimmte Handelswege, die nach und nach verbessert wurden. Die cimbrische Halbinsel stellte durch ihre geographische Lage ein Hindernis für die vor allem verbreitete Schiffahrt dar und konnte in der Frühzeit nur durch Sundpassage und Skagerrak umgangen werden.

Dieser gefährliche Kurs ließ die Handeltreibenden nach anderen Wegen suchen. Die erste Lösung brachte der 1391 eröffnete Stecknitzkanal von Lübeck nach Lauenburg. Er war aber ebenso wie der 1784 von Dänemark eröffnete Schleswig-Holsteinische Kanal, als Verbindung zwischen Kieler Förde und Eider, wenig leistungsfähig. Nur kleine Schiffe konnten die Kanäle passieren, und außerdem dauerte die Fahrt sehr lange.

Zur Beschleunigung der Transporte versuchte man auf dem Land geeignete Verbindungen herzustellen. Das setzte für den Transit jedoch gute Hafenverhältnisse voraus, die an der Westküste wegen des Wattenmeeres nirgendwo vorhanden waren. So erklärt sich die Bedeutung Hamburgs, das ebenso wie Lübeck dem Hansebund angeschlossen war. Wegen der etwa hier aufeinandertreffenden Tide mit dem elbabwärts fließenden Wasser ergaben sich ideale Hafenverhältnisse. Auf der anderen Seite führte die kürzeste Verbindung zur Ostsee über Lübeck, so daß sich auch auf diese Weise die regen Handelsbeziehungen erklären.

Beide Städte waren überdies freie Städte, so daß die Dänische Krone, die Jütland, Schleswig, Holstein und Lauenburg verwaltete, nach Mitteln suchte, die Transittransporte ausschließlich über eigenes Gebiet zu leiten. Obwohl Holstein seit 1815 zum Deutschen Bund gehörte, konnte – infolge der Personalunion – der dänische König als Herzog von Holstein auf die Verkehrswege Einfluß nehmen. Nicht nur der Transitverkehr allein war ein wichtiger Handelsfaktor Dänemarks, es exportierte aus den Agrargebieten Schleswig und

Ein musikalischer Toast zum goldenen Jubiläum der Lübeck–Büchener Eisenbahn erklingt am 16. Oktober 1901

Lübeck = Büchener Eisenbahn = Poesie

nach Bedarf zu singen.

1.

Mel.: Strömt herbei ihr Völkerschaaren.

In der weihevollen Stunde,
Die uns hier vereinigt sieht,
In des Saales weiter Runde
Klinge hell, mein Jubellied!
Gilt es doch dem Tag zur Ehre
Wo vor fünfzig Jahren heut'
Uns're Bahn ward dem Verkehre
Uebergeben — eingeweiht!

Fünfzig Jahr' - ein halb' Jahrhundert -
Flossen hin zur Ewigkeit;
Und wir fragen uns verwundert:
Ach, wie schwand so schnell die Zeit?
Und wenn wir den Blick nun senden
Ein halb' Säculum zurück,
Sehen wir zum Glück sich wenden
Uns'rer Eisenbahn Geschick.

Konnt im Anfang auch nur reisen
Man nach Büchen und retour,
Legte doch die Bahn von Eisen
Bald nach Hamburg eine Spur.
Und nicht lange es dann währte,
Da verlangte, wie man weiß,
Der Verkehr, der stets sich mehrte
Für die Bahn das zweite Gleis.

Endlich noch nach Travemünde
Ward gebaut ein Schienenstrang
Und als „Vollbahn" fährt geschwinde
Heute dort der Zug entlang.
Auch noch manche Nebenstrecke,
Wie Kanal- und Hafenbahn.
Selbst bei Lauenburg die Brücke
Schließt an uns're Bahn sich an.

Und wie lang' noch wird es währen,
Weihen wir den Bahnhof ein?
Und nach Schlutup dann verkehren
Viele Züge groß und klein. —
Ja, wenn so das Unternehmen
Kräftig wuchs — 's blüh' weiter noch!
Laßt das Glas zur Hand uns nehmen:
Lübeck-Büchen lebe hoch! —

Holstein vor allem Getreide und Vieh, hauptsächlich Ochsen. Die Ausfuhr nach und über Altona, wegen der Nähe Hamburgs »Zollausland«, sowie nach Hamburg stellte mit rund 60 Prozent bei Getreide und etwa 80 Prozent bei Ochsen alle anderen Export-Orte in den Schatten und zeigt, daß Schleswig-Holstein in erster Linie mit dem Süden in wirtschaftlicher Verbindung stand.
Die Kaufleute bevorzugten zwar die Landverbindung von Hamburg nach Lübeck wegen der Kürze des Weges, in zweiter Linie aber kam die Verbindung von Kiel als bestem Ostseehafen mit Altona und Hamburg in Frage. Sonstige Handelswege bildeten sich am westlichen Geestrand über Itzehoe nach Altona sowie im Osten entlang der Fördespitzen bis Schleswig. Hier teilten sich die Wege: Ein Arm führte über Eckernförde-Kiel bis Lübeck, der andere über Rendsburg nach Itzehoe. Die Hauptverkehrswege zeigen gleichzeitig die Besiedelung. Städte entwickelten sich dort, wohin man mit dem Seeschiff gelangen konnte, im Osten an den Enden der Förde, im Westen in Flußmündungen. Die fruchtbare Marsch einerseits, das mit Kornfeldern, Buchenwäldern, Wiesen nutzbare Hügelland andererseits ließen gegenüber dem breiten Mittelrücken mit magerem Heideboden und moorigem Gelände eine dichtere Besiedelung entstehen, auf der Geest liegen als größere Siedlungen nur Rendsburg, ehemaliger militärischer Brückenkopf Dänemarks, sowie Neumünster als Kreuzung von Handelswegen.
Nun darf man sich diese Verbindungen nicht als »Straßen« im heutigen Sinne vorstellen. Schleswig-Holsteins Handelswege waren unter den Handeltreibenden berüchtigt, und ganz besonders galt dies vom Wege Hamburg-Lübeck, der seiner Verfassung wegen als allbekanntes Beispiel für die denkbar schlechteste Art von Straßen diente und sogar die »Times« vom 27. Okt. 1830 darüber berichten ließ. Die übrigen Hauptstraßen waren nicht besser - und ihnen entsprachen die Verkehrseinrichtungen. Die Extrapost schaffte nicht einmal die vorgesehene Mindestleistung, von Hamburg nach Lübeck brauchte man einen Tag, von Altona nach Kiel mit der Diligence vierundzwanzig Stunden, noch 1831 verkehrte sie einmal wöchentlich! Verständlich, daß sich bald Vereinigungen bildeten, denen an der Verbesserung der Verhältnisse gelegen war. Zunächst für die Ver-

bindung Hamburg-Lübeck, zu der beide Städte ihre Unterstützung gaben. Dänemark aber verhielt sich abwartend. 1828 bot ein Altonaer Handelshaus die Mittel für eine Chaussierung der Straße Altona-Kiel an. Hierauf ging die dänische Regierung sofort ein, so daß infolge der Protektionspolitik - und nicht etwa wegen des erstrangigen Verkehrsbedürfnisses - am 1. Januar 1832 diese als erste große Kunststraße in Schleswig-Holstein dem Verkehr übergeben wurde. Die dann täglich fahrende Diligence brauchte von nun an nur noch die halbe Zeit. Der Transithandel lief jedoch weiterhin nicht über Kiel nach Süden, sondern behielt wegen der seit altersher gegenseitig bestehenden Zollfreiheit zwischen Lübeck und Hamburg diesen Weg bei. Durch eine 1838 erlassene, gegen die Hansestädte gerichtete neue Straßen-Transit-Zollverordnung wurden bald wieder über fünfzig Prozent der Waren über den veralteten Stecknitzkanal transportiert. Vorher waren es knapp fünfzehn Prozent.

Dampfrösser am Horizont

Wie aber verhielt es sich mit dem damals neuartigsten Verkehrsmittel, der Eisenbahn?
Das erste Eisenbahnprojekt, eine Verbindung mit Hamburg zu schaffen, tauchte 1831 in Lübeck auf, übrigens die einzige Verbindung auf der cimbrischen Halbinsel in dem von dem Nationalökonomen Friedrich List 1833 vorgelegten Entwurf für ein deutsches Eisenbahnnetz. Der Lübecker Kaufmann Emil Müller, dessen Vater wesentlich an der Errichtung der Lübecker Dampfschiffslinien beteiligt war, reiste nach England, da er in der Heimat noch kein Eisenbahninteresse bei seinen Mitbürgern finden konnte. Das ist verständlich, denn eine Eisenbahn hatte hier noch niemand gesehen. In »Eines Dichters Bazar« versuchte der dänische Dichter Hans-Christian Andersen noch um 1842 seinen Mitbürgern eine Eisenbahn zu erklären:
»Da manche meiner Leser noch keine Eisenbahn gesehen haben, will ich zuerst versuchen, diesen einen Begriff von einer solchen zu geben. Wir wollen uns eine gewöhnliche Landstraße vorstellen, sie laufe gerade, sie mache eine Biegung, gleichviel, aber eben muß sie sein, eben wie eine Stubendiele, deshalb sprengen wir jeden Berg, der

sich in den Weg stellt, bauen auf starken Bogen eine Brücke über Sümpfe und tiefe Thäler, und wenn sich dann der ebene Weg vor uns ausstreckt, legen wir da, wo die Räderspur gehen wird, Eisenschienen, auf welchen die Wagenräder laufen. Die Dampfmaschine mit ihrem Meister, der sie zu lenken und aufzuhalten versteht, wird vorgespannt, Wagen kettet sich an Wagen mit Menschen oder Vieh, und fort fährt man.
Auf jedem Punkte des Weges weiß man Stunde und Minute, wann die Wagenreihe eintreffen wird, man hört meilenweit die Signalpfeife, wenn der Zug in Bewegung ist, und ringsumher, wo Nebenwege für Fahrende und Gehende die Eisenbahn durchschneiden, läßt der aufgestellte Wächter den Schlagbaum vor ihnen nieder, und die guten Leute müssen warten, bis wir vorüber sind. Längs der Bahn, so viele Meilen sie sich auch erstrecken möge, sind kleine Häuser so weit von einander errichtet, daß die, welche Wache darin halten, gegenseitig ihre Flagge sehen können, damit sie zu rechter Zeit die Bahn zu reinigen vermögen, damit kein Stein oder Hinderniß auf den Schienen liege. Seht, das ist eine Eisenbahn! Ich will hoffen, man habe mich verstanden.«
In England hingegen waren die ersten Bahnen bereits in Betrieb, so daß Emil Müller dort Unterstützung für seinen Plan fand, erst darauf fanden sich in Hamburg und Lübeck ebenfalls Interessenten.
Ein Ingenieur wurde verpflichtet, der das Nivellement aufnehmen sollte. Wegen der Durchquerung holsteinischen Gebietes war für die Vermessungsarbeiten eine Erlaubnis Dänemarks notwendig. Natürlich versagte Dänemark diese Erlaubnis, da hiermit ja außerdänischer Handel gefördert würde. Emil Müllers Komitee war jedoch der Meinung, die Krone würde solche Vorhaben einer richtigen Gesellschaft erlauben. Daher wurde zunächst der leichte und lohnende Bau einer solchen Bahn festgestellt, wurde eine Gesellschaft gegründet und für sie geworben. Hierbei erhielt man von fast allen Seiten Unterstützung, doch obwohl auch Freiherr Ritter von Gerstner, Erbauer der 1828 eröffneten Pferdeeisenbahn Linz–Budweis in Österreich-Ungarn, sich dafür einsetzte, blieb die Genehmigung aus. 1839, nach begonnener Nivellierung einer von Altona nach Kiel bzw. Neustadt führenden Bahn, löste sich die Gesellschaft auf.

Altonas erster Bahnhof lag an der Palmaille und wurde 1844 eröffnet

Die ersten Eisenbahnbauten

Der Gedanke, eine Eisenbahn in Schleswig-Holstein zu bauen, aber war, wohl auch durch das geschilderte Projekt, in Dänemark so weit gediehen, daß König Frederik VI. im Dezember 1835 eine Eisenbahnkommission einsetzte. Diese beschaffte sich einschlägige Unterlagen und kam zu der Ansicht, eine rein innerdänische Bahn wäre nicht notwendig, es sei denn aus militärischen Gründen. Damit war dänischerseits festgelegt, von Staats wegen keine Bahnen bauen zu wollen. Lange Zeit wurden die Bahnstrecken nur von privaten Unternehmern gebaut und betrieben, wenn sich auch an vielen Bahnbauten der Staat beteiligte.

In jener Zeit wurden ebenfalls in den Nachbarstaaten Eisenbahnprojekte bekannt. Da man um den Transithandel fürchtete, begann man 1839 mit der Nivellierung einer Bahn ab Altona. Diese Stadt erschien als südlichster Endpunkt auch wegen des Wirtschaftszentrums Hamburg als günstig. Um Kiel und das auch in Aussicht genommene Neustadt entbrannte ein heftiges Für und Wider, so daß man eine Trasse über Segeberg wählte, in dessen Nähe sie sich in einen Zweig nach Kiel, den anderen nach Neustadt teilte. 1840 kam das rein schleswigsche Projekt einer Bahn Flensburg-Husum-Tönning ins Gespräch. Die vorgeschlagenen Bahnstrecken wurden nivelliert, doch bei der Krone tendierte man zu Altona-Kiel. Die anderen Feststellungen wurden nur durchgeführt, um den Anschein irgendeiner Beeinflussung zu vermeiden.
In Kiel schlug man eine direkte Führung über Neumünster-Bad Bramstedt-Barmstedt nach Altona vor, da eine geeignete alternative Linienführung bei Nivellierung ausdrücklich offen gelassen worden war. Diese westlichere Führung versprach infolge ihres bedeutenderen Einzugsgebietes mehr Verkehr als die Route über Bad Segeberg. Später änderte man, auch wegen einer geplanten Glückstadt-Kieler Eisenbahn, die Linienführung auf einen Weg über Elmshorn, zumal hier ein Hafen bestand und eine Zweigbahn günstig angeschlossen werden konnte; außerdem übernahm Elmshorn doppelt so viele Aktien als Barmstedt gezeichnet hatte.
Wie für die ab 1840 geplante Bahn von Glückstadt aus, gab es ein weiteres Projekt ab Rendsburg zum Anschluß an die Altona-Kieler Eisenbahn. Eine Nivellementskonzession wurde zwar erteilt, doch scheiterte der erste Versuch einer Anbindung Rendsburgs am mangelnden Vertrauen des aktienzeichnenden Publikums in die zu erwartende Rentabilität.

Ohne Geld lief nichts

Wie sah es nun mit der Finanzierung der vorgesehenen Eisenbahnlinien aus? Die dänische Regierung hatte festgelegt, staatlicherseits keine Bahnen zu bauen, aber alle Projekte zu fördern, die dem Staate

Schon sehr früh beförderten die Züge auch Post zwischen den Stationen. Die Form der Bahnpoststempel wechselte mit den politischen Gegebenheiten

nützlich schienen. So kam es, daß sich für den Bau dieser frühen Eisenbahnen Aktiengesellschaften konstituierten, die selbst für das Aufbringen des nötigen Kapitals sorgen mußten. Eine gewisse Beteiligung des Staates bei ihm sinnvoll erscheinenden Unternehmen wurde nicht ausgeschlossen, die Übernahme von Zinsgarantien lehnte man jedoch strikt ab.

Durch die »gewisse Beteiligung« aber konnte Dänemark auf manches Projekt einwirken. So wurde es möglich, eine einheitliche Spurweite von 4 Fuß 8½ Zoll engl. (1435 mm) vorzuschreiben. Grund dafür waren die zu dieser Zeit aus England eingeführten Lokomotiven und ein in weiser Voraussicht erwartetes überregionales Eisenbahnsystem (es gab schon manche festländische Eisenbahnstrecke in dieser Spurweite), Umstände, die nachträglich als sehr glücklich gewertet werden müssen. Die von Glückstadt nach Kiel geplante Eisenbahnstrecke nämlich sollte zunächst in 7 Fuß engl. (2130 mm), also Breitspur, angelegt werden, ein Plan, der so unterbunden werden konnte.

Die Zeichnung der Aktien der A.-K. E.-G., der *Altona-Kieler Eisenbahn-Gesellschaft,* verlief anfänglich recht mühsam, da sich vor allem die wohlhabende Hamburger Geschäftswelt zurückhielt, die immer noch an eine Hamburg-Lübecker Eisenbahn glaubte. Auch wurde über eine mangelnde ausländische, vor allem – als Hauptzulieferer – englische Beteiligung geklagt. Trotz aller Schwierigkeiten jedoch kam

es am 8. März 1843 zum ersten Spatenstich einer Eisenbahn auf schleswig-holsteinischem Boden, und das, obwohl man sich noch nicht auf die Linienführung über Elmshorn oder Barmstedt geeinigt hatte.
Es ist nicht deutlich erkennbar, ob diese Inangriffnahme des Eisenbahnbaus in Schleswig-Holstein auf die Börsen befruchtend wirkte, doch zu Ende 1843 schossen Komitees zum Bau von Eisenbahnen wie Pilze aus dem Boden. Ein regelrechtes Eisenbahnfieber brach aus, und man wartete Anfang 1844 nur auf ein neues Projekt, um Aktien zeichnen zu können. Dabei prüfte kaum jemand die Rentabilität der Vorhaben. Bis Mitte 1844 kam es außer den beschriebenen zu weiteren acht mehr oder minder aussichtsreichen Projekten, deren einige nach ähnlichen Plänen zwanzig bis dreißig Jahre später gebaut wurden, während andere unverwirklicht blieben.
Dieses Eisenbahnfieber klang schlagartig ab, als zunächst in Berlin der Börsenhandel mit Promessen ausländischer Bahnen verboten wurde, vermehrt noch durch eine dänische Erklärung über die »Gegenstandslosigkeit ohne vorläufige Bewilligung eines Gesuchs« und die Erinnerung, daß bei Zeichnung einer Aktie mindestens vierzig Prozent gezahlt werden mußten. So verschwanden diese Projekte, allein das Glückstädter und Rendsburger Unternehmen waren erfolgreich, da man sich hier mit der Altona-Kieler Eisenbahn über Betriebsführungsverträge einigen und auf diesem Wege die Gesetzmäßigkeit der Begleichung von Promessen erreichen konnte.

Dampf auf für Altona-Kiel!

So wurde die Bahnstrecke Altona-Kiel als erste Eisenbahn auf schleswig-holsteinischem Boden mit dem Namen »Christian VIII. Ostseebahn« am Geburtstag des dänischen Königs, am 18. September 1844, eröffnet. Bereits ab 9. September 1844 fand die Passagierbeförderung mit regelmäßigen Zügen statt. Der Kieler Bahnhof allerdings war noch nicht fertig, da man wegen Schwierigkeiten beim Grunderwerb nicht rechtzeitig mit dem Bau hatte beginnen können. Die Bahn führte zuerst nur bis zu einem vor der Stadt gelegenen »Interimsbahnhof«.

Von 1877 bis 1908 verkehrte die »Sedan« (Achsfolge 1B) in Schleswig-Holstein

Ab 20. Juli 1845 fand auf der Glückstädter Bahn Verkehr statt, und am 18. September 1845, dem Jahrestag der Bahn Altona-Kiel, eröffnete man den Verkehr auf der Rendsburger Zweigbahn. Sie endete kurz vor den Festungsanlagen Rendsburgs, erst Ende 1846 wurde die Stadt erreicht. Ebenfalls 1846 im Dezember kam es zu einer weiteren Eröffnung. Bereits 1842 hatte Hamburg von der östlichen Stadtgrenze zum Hamburg-Lübeckischen Gemeinschaftsbesitz Bergedorf eine Eisenbahn in Betrieb genommen, für die von vornherein die Anbindung an eine andere Eisenbahnstrecke geplant war.
Die *Berlin-Hamburger Eisenbahn,* die im Lauenburgischen über Büchen - Schwarzenbek nach Bergedorf - Hamburg führte, hatte den Betrieb aufgenommen. Dänemark bestand zwar auf einer Führung über Lauenburg, doch das schwierige Gelände am Elbufer ließ eine solche Trasse nicht zu, so daß man sich mit der Berlin-Hamburger Eisenbahn

auf die obige Strecke und eine auf Kosten dieser Gesellschaft zu bauende *Zweigbahn Büchen–Lauenburg* einigte. Ein Kuriosum entstand durch die Forderung, daß Lauenburger Bürger, die ihre Reise auf der Berlin-Hamburger Eisenbahn fortsetzen wollten, bis Büchen unentgeltlich fahren sollten; eine bis 1937 bestehende Regelung, die als »Lauenburger Privileg« Geschichte machte. Die Zweigbahn wurde von Büchen bis zur Palmschleuse vor Lauenburg bereits 1847 fertiggestellt, jedoch nicht vor 1851 eröffnet und erst 1853 weitergeführt.

Nun konnte gereist werden

Wie sahen damals das Reisen und die Beförderung von Gütern aus? Man trat eine Reise nur an, wenn man einen wichtigen Grund dafür hatte. Vergnügungs- oder Erholungsreisen gab es kaum. Hinderlich waren die vielen Zollkontrollen, die unterschiedlichen Währungen und Zeitsysteme, die langen Fahrzeiten, Gefährdungen unterschiedlichster Art und manches andere. Auch der Warenaustausch litt darunter. Schon die Erbauung der Altona-Kieler Eisenbahn begann eine Wende einzuleiten, da für die Bahn ein vereinfachtes Zoll-Reglement eingeführt worden war: Die Hamburger Bürger wurden den Altonaern bei Bahnfahrten gleichgestellt, eine Zollabfertigung entfiel. Zweifellos ein überlegtes Entgegenkommen, um auch den Verkehr Hamburgs mit Kiel und Dänemark zu fördern. Immerhin aber waren noch 29 Paragraphen im 1844 erlassenen »Zoll-Regulativ für den Waaren als Passagier-Effekten-Verkehr« zu beachten.
Für die Reisenden gab es drei Klassen. Diese Regelung wurde von den meisten frühen Eisenbahnen angewendet, eine 4. Klasse tauchte erst in den siebziger Jahren auf. Selbstverständlich konnte nun nicht jeder einfach auf den Bahnsteig – pardon: *Perron* hieß es natürlich – gehen oder gar in einen ihm genehmen Wagen einsteigen. Das war absolut unvorstellbar! Die Eisenbahnverwaltungen trauten dem »reisenden Publikum« Selbstverantwortung nicht zu, schließlich war es überall so üblich, daß dem Volk alles Mögliche befohlen wurde, dem es dann zu gehorchen hatte. Man löste frühzeitig ein *Billett* und hatte dann darauf zu warten, was die Obrigkeit angesichts einer anzutreten-

Würdige Herren mit »Melone« versammelten sich 1883 zum ersten Spatenstich für die Altona-Kaltenkirchener Eisenbahn im Himmelmoor, südlich Ulzburg

den Reise mit dem *Passagier* anzufangen gedächte. Zunächst einmal mußte beim Betreten des Bahnsteigs das Billett vorgewiesen werden, sodann ließ man sich vom *Kondukteur* ein *Coupé* anweisen. Nachdem der Kondukteur noch einmal kontrolliert hatte, schloß er nach dem Einsteigen die Abteiltür - und nun mußte der Reisende im Wagen bleiben, bis der Schaffner wieder öffnete. Darum gab es anfangs bei Personenwagen nur Griffe an der Außenseite der Türen. Wollte man eigenmächtig den Wagen verlassen, etwa bei Gefahr, so mußte man zunächst das Türfenster öffnen und dann von außen die Türklinke hinunterdrücken. In England ist es heute noch so üblich. Am Ziel, beim Verlassen des Bahnhofes, mußte die Fahrkarte abgegeben werden. Strenge Vorschriften gab es auch für Leute, die einen Zug versäumt hatten. Nicht nur, daß sie nicht etwa nun den nächsten passenden Zug nehmen durften, nein, das Billett war ungültig und verfiel – nicht einmal das Fahrgeld gab es zurück!

Die Festsetzung der Fahrpreise für die drei Klassen und die jeweilige Entfernung wurde sehr unterschiedlich gehandhabt, auch beim Güter- und Gepäckverkehr wurden unterschiedlichste Tarife angewandt. War man in der Anfangszeit bei der Tarifierung auch noch sehr unsicher, so versuchte man andererseits, einheitliche Regelungen zu finden, nicht zuletzt zur Förderung des Verkehrs allgemein. Bemerkenswert ist, daß die Grundlagen für das heutige Tarifwesen gleich mit den ersten Eisenbahnen geschaffen wurden. Selbst das »Auto im Reisezug« gab es als Vorläufer: Die »Equipagen-Beförderung« hatte man schon 1844 bei der A.-K. E.-G. vorgesehen. Im Güterverkehr unterschied diese erste Eisenbahn Schleswig-Holsteins zwischen Gepäck, Equipagen, Eilgut, Frachtgut, rohen Produkten sowie Sendungen in größeren Quantitäten. Ferner gab es differenzierte Tarife für ganze Ladungen zur gelegentlichen Mitnahme, Pferde, Mastvieh, Magervieh und Starken, Kälber, Schweine, Schafe und Hunde. Für alle Gruppen mußte ein unterschiedliches Entgelt bei gleicher Entfernung gezahlt werden. Dieser schon sehr spezifizierte Tarif ist in gewisser Weise bis heute mit den sogenannten Ausnahmetarifen gültig geblieben.

Zur Beförderung von Personen und Waren verkehrten anfangs zwei Personenzüge und ein Güterzug täglich in jeder Richtung. Die Personenzüge beförderten Passagiere in der 1., 2. und 3. Klasse, deren Gepäck, Equipagen sowie Eilfracht. Die Güterzüge beförderten alles außer Passagieren 1. Klasse und Eilgut, waren also gemischte Züge. Gleichzeitig mit der Einrichtung der Eisenbahn wurde die Post mit den Personenzügen befördert. Die Personenzüge fuhren jeweils morgens und nachmittags von und nach Altona und Kiel, der Güterzug fuhr abends von Altona bzw. Kiel bis Neumünster, übernachtete dort und fuhr frühmorgens weiter nach Kiel bzw. Altona. Die Höchstgeschwindigkeit der Personenzüge war festgelegt auf 10 Minuten pro Meile (dän.) tagsüber, bei schlechter Sicht usw. auf 15 Minuten pro

Ein Schmalspurbahn-Wagen (vierachsiger Personenwagen) 2. und 3 Klasse, auch nach der Jahrhundertwende noch sehr bescheiden ausgestattet

Meile, das sind etwa 45 bzw. 30 km/h. Mit Aufenthalten brauchte man von Altona bis Kiel gut zweieinhalb Stunden.

Rollendes Material

Die A.-K. E.-G. besaß zu Beginn zehn Lokomotiven mit nur einer Treibachse der Achsfolge 1A1 in zwei Bauarten, sie wurden aus England bezogen, die Tender dazu wurden in Berlin gebaut. Die in Deutschland und Dänemark hergestellten Wagen teilten sich wie folgt auf: Ein Wagen 1. Klasse, neun 1. und 2. Klasse, vier 2. Klasse, 24 der 3. Klasse, vier Post- und Gepäckwagen, 70 »sechsrädrige« Güter- und Viehtransportwagen sowie zwölf »achträdrige« Güterwagen.

Einige Ausrüstungsgegenstände wurden aus England bezogen, doch wurden beispielsweise die meisten Weichen, die Wasserkräne und Drehscheiben hier hergestrellt. Die Dampflokomotiven wurden mit »Coaks« beheizt, der direkt aus England gekauft wurde. Trotz stark ermäßigten Einfuhrzolls war er sehr teuer, so daß man bald an eigene Koksbereitung dachte.

Sehr einfach war noch das Signalsystem, man hatte noch keine Telegrafie, so daß Scheiben an den Zügen den unterwegs auf Sichtweite stehenden Bahnwärtern anzeigten, ob z. B. Extrazüge folgten. Die Bahnwärter signalisierten mit Flaggen bzw. Lampen oder auch mit an Stangen hochgezogenen Körben.

Wegen der Länge der Bahn waren fast die Hälfte der anfänglich 226 Mann Betriebspersonal, nämlich 112, Bahnwärter, daneben gab es noch z. B. sechs Lokomotivführer und sechs »Feuerleute« (für zehn Lokomotiven!), einen »Güterprokureur«, einen »beeidigten Stempler«, zwölf Kofferträger und zwei »Fahrknechte«.

Nach dem ersten Betriebsjahr wurden umfangreiche Berechnungen über die Rentabilität angestellt. Es stellte sich heraus, daß die veranschlagte Verzinsung erreicht und die Eisenbahn eine lohnende Anlage geworden war. Der sich gut entwickelnde Verkehr war sicher auch dem Umstand zuzuschreiben, daß neben der nur noch ein Viertel der vorherigen Zeit dauernden Fahrt eine Reise in der 3. Klasse um 75 Prozent billiger war als die vorherige Postkutschenverbindung.

Auch Lübeck will seine Bahn

Der gute Erfolg der Eisenbahn Altona-Kiel war Lübeck natürlich ein Dorn im Auge, nachdem auch der Ostseehafen Stettin, der mit Lübeck im Transithandel immer im Wettstreit lag, schon 1843 seinen Bahnanschluß bekommen hatte. Lübeck wurde also von Westen wie Osten bedrängt und bemühte sich daher fieberhaft um eine Eisenbahn-

Mächtig qualmend zieht im Herbst 1972 eine der letzten dampfgetriebenen Lokomotiven (01 0509 der DR) den Berliner Schnellzug durch den Sachsenwald

verbindung. Etwa im Juli 1844 versuchte man, eine Nivellementskonzession einer Bahn Lübeck-Eutin-Kiel zu bekommen. Das Vorhaben wurde ohne Angabe von Gründen abgelehnt. Zur gleichen Zeit plante man vom Hannoverschen aus eine Bahn, die von Lüneburg an die Ostsee führen sollte, dort war Wismar als Endpunkt vorgesehen. Nun war Lübeck sehr beunruhigt und versuchte, über Büchen auf

dem kürzesten Wege einen Bahnanschluß zu bekommen. Einmal ließ sich damit Hamburg noch relativ günstig erreichen, zum anderen über Lauenburg das Königreich Hannover. Lauenburg und Hannover waren sofort einverstanden und unterstützten dieses Unternehmen, dagegen konnte es in Schleswig-Holstein und bei der A.-K. E.-G. natürlich nur Widerstand erzeugen, da man ja um den Transithandel fürchtete. Zwar gab es auch für die dänische Seite Vorteile, wenn die von Lübeck abgehende Bahn über Lauenburg geführt würde, die bei einer Linie durch mecklenburgisches Gebiet nicht den Dänen zukämen, doch schien es König Christian VIII. nicht günstig, Büchen und Lübeck zu verbinden. Man glaubte, die Berlin-Hamburger Eisenbahn, die ja eine Strecke Lauenburg-Büchen bauen mußte, würde in diesem Landstrich alle Bedürfnisse befriedigen.
Lübecks Hoffnungen auf eine Bahnverbindung sanken weiter, als nun auch die mecklenburgischen Landstände eine ablehnende Haltung einnahmen und Wismar 1846 eine Bahn erhielt. Nun blieb nur noch die Chance, über eine hochmögende Institution weiterzukommen, den Deutschen Bund. Lübeck, das sich von einem anderen Mitglied des Bundes, nämlich Holstein, bedroht sah, wandte sich besonders an die beiden mächtigen Mitglieder Preußen und Österreich, die Lübeck sofort unterstützten, und bald standen der ganze Bund und sogar das Ausland - Rußland, Schweden und Frankreich - hinter dieser Forderung. Solch massivem Druck konnte Dänemark nicht standhalten, nach neuen Eingaben wurde - wenn auch unter einigen nicht allzu leicht erfüllbaren Bedingungen - am 23. Juni 1847 ein Staatsvertrag über eine Verbindung Büchen-Lübeck geschlossen.
Die Lage wiederum bedrohte natürlich die A.-K. E.-G., die nur einen Ausweg sah: diese Bahn selbst zu bauen. Die mit älteren Rechten ausgestatteten Komitees von Mölln und Lauenburg aber nahmen diesen Vorschlag nicht an und erhielten selbst die Nivellierung gestattet, die sich jedoch wegen der Kriegshandlungen von 1848/49 verzögerte. Die A.-K. E.-G. witterte Morgenluft und versuchte einen anderen Vorschlag durchzubringen: eine Bahn von Altona über Ochsenzoll-Oldesloe. Ohne Erfolg.
Zunächst sah es so aus, als ob die Beschaffung der Finanzen für die Lübeck-Büchener Strecke schwierig sei, doch der Lübecker Senat

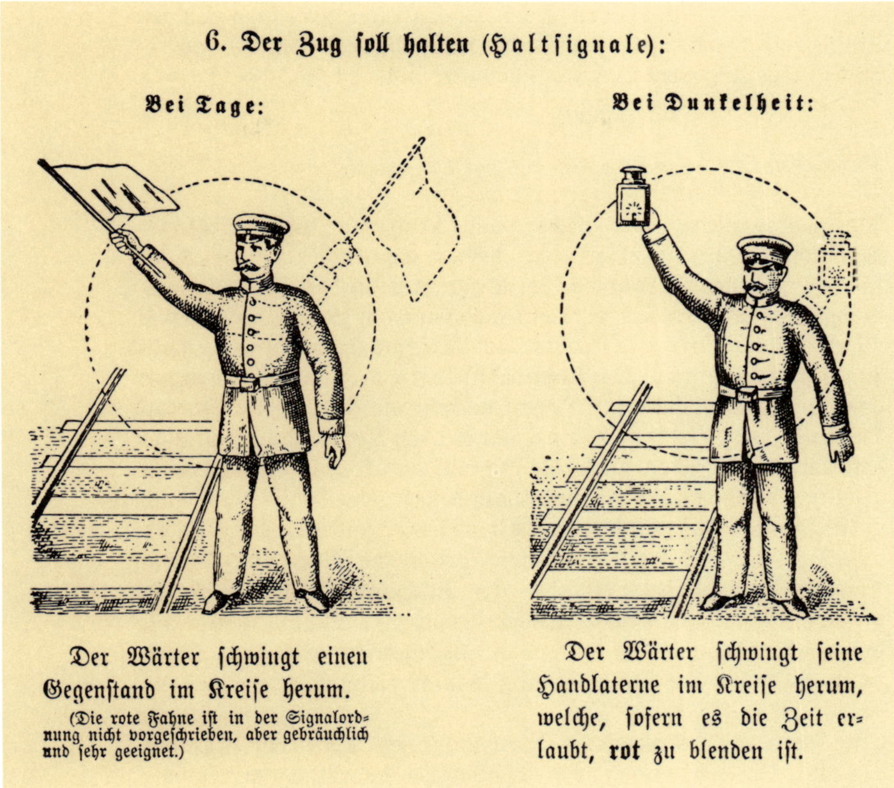

6. Der Zug soll halten (Haltsignale):

Bei Tage:

Der Wärter schwingt einen Gegenstand im Kreise herum.

(Die rote Fahne ist in der Signalordnung nicht vorgeschrieben, aber gebräuchlich und sehr geeignet.)

Bei Dunkelheit:

Der Wärter schwingt seine Handlaterne im Kreise herum, welche, sofern es die Zeit erlaubt, **rot** zu blenden ist.

Dem auszubildenden Bahnwärter wurden mit einem Lehrbuch genaue Instruktionen »zur Anwendung der Signalmittel« gegeben

zeichnete einen Großteil der Aktien, und eine Anleihe wurde bei der »Preußischen Seehandlung«, einer Berliner Bank, aufgenommen. Am 27. Februar 1850 begann die Direktion der *Lübeck-Büchener Eisenbahn-Gesellschaft,* LBE, ihre Geschäftstätigkeit, und nach kurzer Bauzeit konnte am 15. Oktober 1851 die langersehnte Eisenbahnstrecke eröffnet werden. Zur Feier des Tages hatte man sich den exklusiven Salonwagen der Berlin-Hamburger Eisenbahn ausgeliehen. Damit existierten zwei Bahnnetze in Holstein.

Die nächste Strecke sollte »quer« verlaufen

Im Schleswigschen war bisher kein Vorhaben zum Erfolg gekommen. Einzig nivelliert war bisher das Projekt einer Bahn Flensburg-Husum-Tönning, an dessen Ausführbarkeit Dänemark mangels zu erwartenden Verkehrs nicht so recht glaubte, und so war durch fehlende Interessenten das Geld für eine Bauausführung nicht zusammengekommen. Das Eisenbahnfieber von Anfang 1844 brachte dann eine ganze Zahl von Plänen hervor, die fast alle im Norden Flensburg zum Ziel hatten; auch weiter nach Norden führende Bahnen waren vorgesehen. Doch alle Projekte zerschlugen sich. Ebenfalls diskutiert wurde eine sehr interessante Anlage, eine Schiffseisenbahn, die sechsgleisig über das Land zwischen Husum und Flensburg führen sollte, mit Ausweichstelle und einer Werft in der Mitte. Nach diesem Vorschlag sollten die Schiffe an den Endpunkten der Strecke in Schleusen auf große Transportwagen abgesenkt und auf diesen mit mehreren nebeneinander fahrenden Lokomotiven über Land transportiert werden. Die Ereignisse von 1848/49 verhinderten jedoch die Verwirklichung.
Unerwartet für das nördliche Querbahnprojekt kam aber Hilfe aus England. Dorthin wurde, über Tönning, in beachtlichem Umfang Vieh versandt. Eine der beiden den Seetransport besorgenden Gesellschaften machte Dänemark das Anerbieten, die Tönning-Husum-Flensburger Bahn sowie eine Abzweigung Husum-Rendsburg zu bauen. Einzige Zusicherung als Gegengabe: eine hundertjährige Konzession. Der Engländer Sir Morton Peto, der in seinem Heimatland und in Frankreich bereits Bahnen gebaut hatte, war treibende Kraft hinter diesem Plan. Die dänische Krone war schnell einverstanden, denn auf diesem Wege konnte vielleicht der gewünschte rein dänische Transithandel zum Zuge kommen. Schwierigkeiten gab es nur, als die weitsichtigen Engländer eine weiter

Wir Frederik der Siebente,

von Gottes Gnaden König zu Dänemark, der Wenden und Gothen, Herzog zu Schleswig, Holstein, Stormarn, der Dithmarschen und zu Lauenburg, wie auch zu Oldenburg, &c.&c.

Thun kund hiemit, daß Wir mit Beziehung auf den unterm 23. Juni 1847 mit dem hohen Senate der freien und Hansestadt Lübeck abgeschlossenen Vertrag,

Die Genehmigung für den Bau der Lübeck-Büchener Eisenbahn erteilte Frederik VII., von Gottes Gnaden auch Herzog von Schleswig, Holstein etc etc

östlich als Husum gelegene Abzweigung von der Flensburger Strecke nach Rendsburg wünschten. Die Dänen wollten anfänglich sogar Tönning als Ausgangspunkt nach Rendsburg wählen, damit sich keinesfalls Durchgangsverkehr Flensburg-Rendsburg ergeben könnte. Allein, die Engländer setzten ihren Willen durch und konnten eine Trasse Flensburg-Eggebek-Ohrstedt-Husum-Tönning mit Abzweigung Ohrstedt-Klosterkrug-Rendsburg bauen. Die Eröffnung der Bahnanlage fand am 25. Oktober 1854 statt; sie erhielt den Namen »Frederik VII. Südschleswigsche Eisenbahn« nach dem jetzigen Landesherrscher. Diese Bahn war Dänemark zwar sehr willkommen, doch der ausländischen Gesellschaft kam man hinsichtlich des Statuts nicht so weit entgegen wie seinerzeit der A.-K. E.-G. Eine Besonderheit war das Rückkaufsrecht des dänischen Staates nach vierzehn Jahren zu einem Preis, welcher dem Fünfundzwanzigfachen der durchschnittlichen Nettoeinnahmen der letzten fünf Jahre entsprach.

Schleswig und die Marsch auf Warteliste

Rund eine halbe Meile an Schleswig vorbei führte die Trasse der neuen Bahn, und die Stadt an der Schlei fühlte sich benachteiligt, obwohl zunächst ja überhaupt kein Anschluß vorgesehen war. Die Fuhrleute Schleswigs fuhren ihre Frachten statt nach dem nahen Klosterkrug gleich nach Rendsburg, so daß sowohl Peto – wegen des zu erwartenden Verkehrszuwachses – als auch Schleswig mit diesem Argument für eine neue Ostsee-Nordsee-Verbindung in Kopenhagen vorstellig wurden. Die Anlage wurde genehmigt, Peto übernahm Bau und Betrieb zu annähernd den Bedingungen der *Südschleswigschen Eisenbahn,* und am 2. Juni 1858 wurde die Bahn Schleswig–Klosterkrug eröffnet.
Das westliche Marschland mit seinen vielen freien und wohlhabenden Bauern hatte bisher noch keine Bahnverbindung. Vor allem Itzehoe bemühte sich mehrmals um Anschluß an die A.-K. E.-G., doch führte aus verschiedenen Gründen keins der Projekte zum Erfolg. Erst die schwache Frequenz der *Glückstadt-Elmshorner Eisenbahn* ließ die Verantwortlichen nach neuem Verkehr Ausschau halten, und so ergab sich nun eine günstige Anbindung Itzehoes über Glückstadt; am 15. Oktober 1857 wurde der Betrieb auf der neuen Strecke aufgenommen.

Bahnbau und Politik

Wohl wegen der guten Zusammenarbeit übertrug Dänemark der englischen Gesellschaft Peto, Brassey & Betts den Bau einer in Jütland anzulegenden Eisenbahn Fredericia–Kolding–Esbjerg, nach-

Herr Borchers hatte die Ehre, um 11 Uhr den gemieteten Salonwagen zur Jungfernfahrt der LBE in Lübeck zu besteigen

dem der Ausbau von Esbjerg als dänischem Nordseehafen beschlossen war. Gleichzeitig tauchte das Projekt einer Verbindung dieser Querbahn mit dem bestehenden südschleswigschen Netz auf. Dänemark und Peto mußten, wenn auch aus unterschiedlichen Gründen, Interesse daran haben, Jütland mit Schleswig zu verbinden. Der nördlichste bereits erreichte Ort war Flensburg, von hier aus bot sich eine möglichst kurze Verbindung nach Norden an. Man einigte sich auf eine weit östliche, aber noch auf dem Höhenrücken liegende Tras-

sierung, da ein Bau über Apenrade und Hadersleben der landschaftlichen Beschaffenheit wegen sehr teuer geworden wäre, jedoch wurde der Anschluß dieser beiden Städte an die Hauptbahn sowie auch Tonderns über Tingleff vereinbart. In der Konzession wurden hierfür genaue Termine gesetzt und auch den Zügen der Hauptbahn Anschlüsse auf den genannten Abzweigstrecken vorgeschrieben.
Später ist diese Linienführung immer als absichtliche Schädigung der Ostseestädte - wie vorher auch im Zusammenhang mit Schleswig - kritisiert worden. In der Hauptsache aber ging es bei der Verbindungsstrecke Jütlands mit Schleswig den Dänen um ein Politikum: Die Bedrohung Südschleswigs nach den Aufständen und Kämpfen von 1848 verlangte danach, dieses Gebiet möglichst schnell an das Stammland anzuschließen. Auf die weniger gefährdeten nordschleswigschen Städte konnte man keine Rücksicht nehmen. Dieser politische Zweck der Bahn wurde nicht erreicht, da nach dem Deutsch-Dänischen Krieg (1864) Schleswig-Holsteins Bahnen der dänischen Aufsicht entzogen wurden. Noch zu dänischer Zeit konnte nur die Verbindung zwischen der Nordschleswigschen Weiche, nahe Flensburg und - im Norden - Woyens fertiggestellt und bis zum 1. Oktober 1864 eröffnet werden. Die dänische Einflußnahme auf die Bahnen endete am 30. Oktober 1864, dem Tage des Friedensschlusses in Wien.

Lübeck läßt nicht locker

Auch in dem in Ostholstein und Lauenburg errichteten Eisenbahnnetz blieb die Entwicklung nicht stehen. Die Stadt Lübeck forderte weiterhin eine direkte Eisenbahn nach Hamburg. Die Lübeck-Büchener Eisenbahn war aber im Zweifel, ob sie diese Bahn bauen und betreiben sollte und befürchtete einen starken Verkehrsrückgang auf ihrer Bahn. Doch die Überlegung, daß es besser sei, selbst die neue Bahn zu betreiben, als sie der Konkurrenz zu überlassen, gab den Ausschlag, und so ging man 1858 daran, um die Baugenehmigung in Dänemark nachzusuchen. Mit Erfolg: Ein Staatsvertrag wurde zwischen den drei beteiligten Staaten Dänemark, Hamburg und

Vor die Lübecker Stadtsilhouette setzte ein zeitgenössischer Maler einen der ersten Züge der LBE

Lübeck geschlossen. Er kam ohne große Schwierigkeiten von dänischer Seite zustande, Kopenhagen hatte seine vorher eingenommene Haltung revidiert. Der Hauptgrund, der vorher im Wege stand, war ja der Ostsee-Nordsee-Transitverkehr, und hier mußte man erkennen, daß sich trotz der Eisenbahn über Kiel fast gar nichts abspielte und daß nach Aufnahme des Eisenbahnverkehrs ab Lübeck fast 98 Prozent den Weg Lübeck-Büchen-Hamburg nahmen und nur zwei Prozent über Kiel-Altona liefen. Zwar waren die zwischen Kiel und Altona beförderten Gütermengen innerhalb von sechs Jahren auf das Vierfache angestiegen, entstammten aber offensichtlich fast ausschließlich dem Inlandsverkehr. Trotz der starken dänischen Protektion war es also nicht gelungen, nennenswerten Transit auf die ursprüngliche Kunststraße und später die Eisenbahn zu lenken, die

Protektionspolitik war ein Fehlschlag. Ein weiterer Grund für die Zustimmung war sicher die durch einen europäischen Vertrag 1857 erfolgte Aufhebung des Sundzolles, die dazu führte, auf andere Weise nun Ersatz für die fehlenden Einnahmen zu suchen. Ein starker Durchgangsverkehr zwischen Lübeck und Hamburg konnte nach Meinung Dänemarks die Ausfälle verringern, da hierfür Transitzoll zu entrichten war.
Die Konzessionserteilungen dauerten wegen einiger Sachfragen noch bis Ende 1862, gleich darauf aber konnte es an die Zeichnung der Aktien gehen. Der Lübecker Staat übernahm auch diesmal den Löwenanteil. Inklusive der bereits beim Bau der Bahn nach Büchen gezeichneten Aktien hatte er 1863 gut 91 Prozent in seinem Besitz, so daß man fast von einer »Staatsbahn in Privatbahnform« sprechen kann. Am 27. März 1863 kam es in Lübeck zum ersten Spatenstich, die Bahn wurde eingleisig am 1. August 1865 eröffnet. Das aufgenommene Aktienkapital reichte allerdings nicht aus, da Bodenbeschaffenheit, nasse Witterung und auch die Kriegshandlungen den Bahnbau erheblich behinderten. So ergab sich die Notwendigkeit, Darlehen aufzunehmen, um den Ausbau vollenden zu können. Die ab Juni 1859 als »Commerz-Bank in Lübeck« firmierende, 1856 als »Credit- und Versicherungs-Bank in Lübeck« gegründete heutige Handelsbank in Lübeck hatte mit Interesse die Pläne der Lübeck-Büchener-Eisenbahn-Gesellschaft verfolgt und die Bedeutung der Bahn für ein Nahverkehrsnetz im dicht besiedelten Landgebiet erkannt: Die Bevölkerung des näheren und weiteren Umlandes der Hansestadt konnte bequem und schnell per Eisenbahn der Stadt und ihren Gewerbetreibenden zugeführt werden und ihrerseits der wachsenden Zahl von Bürgern in der sich ausdehnenden Stadt die ländlichen Erzeugnisse frisch auf den Tisch liefern. Im übrigen war offensichtlich, daß die Eisenbahnen dieser Zeit zu den bedeutendsten Steuerzahlern, Arbeitgebern, Konsumenten und, nicht zuletzt, Auftraggebern für Handel und Gewerbe der Städte zählten, also in hohem Maße förderungswürdig waren. Der Verwaltungsrat der Bank beschloß daher, der LBE 1865 und erneut 1866 Darlehen zu geben, und unterstützte auch in den folgenden Jahrzehnten Initiativen und Aktivitäten für den Eisenbahnverkehr.

Mit 1 PS fuhren 35 Jahre lang die Personen- und Güter-»Züge« der Uetersener Eisenbahn

Brückenschlag nach Süden

Ein Jahr vor der Eröffnung Hamburg-Lübeck kam die lange gewünschte Verbindung in südlicher Richtung - über Büchen und Lauenburg - nach Hannover zustande. Die Hannoversche Staatsbahn eröffnete am 15. März 1864 eine Strecke von Lüneburg bis Hohnstorf gegenüber Lauenburg, die Elbe wurde mit einem Dampftrajekt überquert, das allerdings nur Güterwagen übersetzte, die Passagiere mußten umsteigen. Diese Anlage wurde gemeinschaftlich von den drei interessierten Bahnen, der Hannoverschen Staatsbahn, der Berlin-Hamburger Eisenbahn und der LBE geschaffen. Trotz

mancher Schwierigkeiten, vor allem bei Eisgang, einigte man sich erst elf Jahre später auf den Bau einer Brücke, die 1878 eröffnet werden konnte.
Schon seit 1847 gab es von Hannover aus eine Bahn, die in Harburg endete. Aus östlicher Richtung führten immer mehr Bahnen auf Hamburg bzw. Lübeck zu. Doch Schleswig-Holstein und Lauenburg waren noch nicht durch einen Schienenstrang verbunden, und das wirkte sich mit der Zeit hemmend auf den Verkehr aus. Vorschläge zur Verbindung der beiden Netze gab es viele, die meisten unter Umgehung Hamburgs, da Dänemark aus strategischen Gründen keine Bahn durch das »Ausland« gestatten wollte. Auch die Zollverhältnisse wirkten hemmend. Doch mit der Zeit zogen diese Gründe nicht mehr, und als 1856 ein Komitee eine direkte Bahn von Altona nach Harburg sowie eine »Vorortsbahn« nach Blankenese erbauen wollte, gab Dänemark 1858, nachdem Sundzoll und Transitgründe keine Rolle mehr spielten, die Erlaubis zur Nivellierung einer Bahn. Soweit diese dänisches Hoheitsgebiet berührte allerdings mit der Auflage, das Vorrecht der A.-K. E.-G. zur Anlage von Zweigbahnen zu beachten. Die A.-K. E.-G. entschied sich, diese Bahn selbst zu bauen, da sie um Durchgangsverkehr fürchtete, denn zur gleichen Zeit wurde der Staatsvertrag zum Bau der Strecke Hamburg–Lübeck geschlossen, eine Elbbrücke bei Hamburg war beabsichtigt, auch eine Linie von Neumünster über Segeberg nach Oldesloe hatte Interessenten gefunden. Da in Hamburg die Streckenführung lange umstritten war, konnte der Verkehr erst 1865, durchgehend ab 16. Juli 1866 aufgenommen werden, also erst unter preußischer Regie. Die Blankeneser Bahn wurde am 19. Mai 1867 eröffnet.

Das Gesicht der Fahrkarte wurde zunehmend vereinheitlicht, wenn auch heute noch Ausnahmen die Regel bestätigen

Probleme im Norden

Auch im Norden gab es Schwierigkeiten für die A.-K. E.-G. Der Betriebsführungsvertrag mit der Rendsburg-Neumünsterschen Eisenbahn war wegen Unstimmigkeiten im Durchgangsverkehr mit Schleswig gekündigt worden. Obwohl Dänemark vermittelnd eingriff, trennte sich die Rendsburger Gesellschaft ab. Hier erkannte Peto eine

EBO
Elmshorn
Sparrieshoop
Vossloch
Barmstedt
Langeln
Alveslohe
Ulzburg
Henstedt-Kisdorf
Henstedt-Wohld
Wakendorf-Götzberg
Nahe
Sülfeld
Grabau
Blumendorf
Rümpeler Weg
Bad Oldesloe
Zusatzkarte
Der Fahrschein gilt auf der durch die Lochung bezeichneten Strecke
Rf 2. Kl 0,80 DM So
H R
09890 b
BW/BGS/Z-Fahrkarte
Pinneberg
Itzehoe
R 2192
2. Kl
50 km
1,90 DM
(7)
0298
Ue E Umsteigeverkehr
Uetersen Ost
Tornesch
2. Kl 0,40 DM
Han
Nur gültig für Züge der S-Bahn und freigegebene Fernzüge
Tornesch
nach einem Bahnhof der
6. Zone
Hamburger S-Bahn
oder umgekehrt
(Keine Fahrtunterbrechung)
2. Kl 1,00 DM
1,40 DM
6962 b
¢0009
Für bestimmte Wagen und Züge Zuschlag
Hamburg
Malmö Fod Skeppsbron
via Lübeck–Puttgarden –Schiff
und zurück
Gültig 2 Monate
(Hamburg-Altona 14)
Hamburg Malmö F/Sk
via Puttgarden
0009
Bahnsteigkarte
Hmb. Altona AKN
Gültig zum einmaligen Betreten des Bahnsteiges an dem durch Stempelaufdruck bezeichneten Kalendertage.
0,20 DM
09130
Han
Rückfahrkarte
Hamburg
Westerland (Sylt)
R 3057
1. Kl
239 km
55,60 DM
(DER 7)
Hamburg (DER 7) Westerland/Sylt
1444
Doppelkarte
Geesthacht
Hmb.-Bergedorf
Kleinb.
und zurück
3. Kl.
14 km
1,70 DM
R
Geesthacht
Hbg. Bgd. Kleinb
0313
Han 12. 6. 1966
Verwaltungssonderzug
Hamburg
(Ausg. Hamburg Hbf)
Westerland (Sylt)
und zurück
17,00 DM
2. Kl
Hamburg – Westerland/Sylt
(Ausg. Hamburg Hbf)
Verwaltungssonderzug
0102
Han
Sonntagsrückfahrkarte
Hamburg-Bergedorf
Büchen
4,20 DM
(4)
R
2. Kl
Hmb-Bergedf Büchen
42156
8067
4. Zone
T 3. Kl
e
Oldenf.
Altrahlst.
Meiendf.
Elektr. Kleinb. Altrahlstedt-Volksd.
Fahrschein für 15 Pfg.
W 0087 M
Ohlendf.
Ohlstedt
Volksd.
Holsteinische Eisenbahnen.
2
Von Rendsburg
nach Altona.
Classe bezahlt mit 2 ℳ 88 ß R.-M.
Freitag

Chance, für sein großes Netz einen unabhängigen Anschluß an die deutschen Bahnen zu bekommen. Er wollte eine Bahn von Neumünster über Oldesloe nach Büchen bauen, das Gesuch um Nivellierung einer solchen Bahn wurde von Dänemark im Herbst 1862 genehmigt. Nur das Stück Rendsburg - Neumünster fehlte als Verbindungsglied. Wie wichtig ihm diese Strecke war, geht unter anderem aus der Tatsache hervor, daß Peto 175 Prozent des Aktienkapitals für die Bahn zahlen wollte. Die *Rendsburg-Neumünstersche Eisenbahn* wurde am 18. Februar 1862 an Peto verkauft. Diese neue Lage mußte auf die A.-K. E.-G. höchst beunruhigend wirken, denn der gesamte Transit würde über Büchen, mit Anschluß von Berlin bzw. Hannover nach Neumünster sowie weiter nach Schleswig und Jütland auf diese Bahn gelenkt werden und die Existenz von »Christian VIII. Ostseebahn« gefährden. So verhandelte man mit Peto und vereinbarte eine ganze Vertragsgruppe: Die A.-K. E.-G. kaufte zu 200 Prozent des Aktienkapitals die gerade von Peto erworbene Rendsburg-Neumünstersche Eisenbahn. Sie verpflichtete sich, von Peto zu den in Dänemark üblichen Sätzen eine Bahn bauen zu lassen, und zwar Neumünster - Ascheberg - Neustadt sowie evtl. Kiel - Ascheberg. Man verpflichtete sich gegenseitig, zunächst für fünfundzwanzig Jahre keine Konkurrenzbahnen zu bauen; das galt für Peto in Holstein, für die A.-K. E.-G. in Schleswig sowie dem nördlicheren Dänemark. Am 24. Juni 1863 trat diese Vereinbarung in Kraft.

Noch zu dänischer Zeit begannen die Bauarbeiten für die vereinbarten Strecken, die jedoch erst am 31. Mai 1866 eingeweiht werden konnten, da der Deutsch-Dänische Krieg die Bauausführung erheblich verzögert hatte.

Am 30. Oktober 1864 kam Schleswig-Holstein unter deutsche und österreichische Verwaltung, als König Christian IX. von Dänemark auf seine Rechte verzichten mußte. Diese ganz andere Lage hatte auf die folgende Eisenbahnentwicklung bedeutenden Einfluß. Sir Morton Peto wollte seine schleswigschen Bahnen verkaufen - und hier sah die A.-K. E.-G. eine Möglichkeit, sich aus dem Vertrag von 1863 zu lösen. Sie war bereit, für die sich nicht gerade gut rentierenden schleswigschen Bahnen feste Verzinsungen zu garantieren und übernahm nach Vollendung der noch unter dänischer Regie von Peto einge-

Eine frühe Studie vom Betrieb der Altona-Kieler-Eisenbahn zeigt den Bahnhof von Tornesch

gangenen Bauverpflichtungen am 1. Januar 1870 den gesamten Betrieb der *Schleswigschen Eisenbahnen AG.* Diese Gesellschaft war 1865 aus der Flensburg-Husum-Tönninger Gesellschaft, der Klosterkrug-Schleswiger Eisenbahn sowie der Nordschleswigschen Eisenbahn, deren Strecken ja gerade entstanden, gegründet worden. Der Schleswigschen Eisenbahnen AG wurde von Preußen und Österreich zwar die Konzession erteilt, jedoch unter der Bedingung, die vorhandenen Strecken so umzubauen, daß ein direkter Nord-Süd-Verkehr stattfinden konnte. Den Bau selbst führte noch Peto durch. Die Abkürzungslinie wurde, besonders auf Betreiben der Stadt Schleswig, von nahe Eggebek über Jübek und Schleswig in die Nähe Klosterkrugs gebaut und mündete hier in die nach Rendsburg weiterführende alte Strecke ein. Die von Husum über Ohrstedt kommende Bahn wurde bei Jübek nach Süden in die neue Hauptbahn eingeführt. Stillgelegt wurden die Verbindungen von und nach Eggebek–Nähe Ohrstedt, Ohrstedt–Klosterkrug sowie Schleswig–Klosterkrug; diese letztere konnte wegen der in Schleswig sonst notwendigen scharfen Krümmungen nicht benutzt werden. Am 29. Dezember 1869 wurden somit die ersten Eisenbahnstrecken Schleswig-Holsteins stillgelegt, die Ansiedlungen Sollerup, Holm, Ellingstedt und Klosterkrug waren die ersten von Streckenstillegungen betroffenen Orte in Schleswig-Holstein.

Preußen gibt den Ton an

Bei dieser Strukturänderung zeigt sich zum ersten Mal, daß der Staat Preußen, nach 1866 alleiniger Herrscher über Schleswig-Holstein, großes Interesse an der Erschließung seiner Provinzen durch Eisenbahnen hatte und auch gute Verbindungen der Städte einer Provinz miteinander wie auch der Provinzen untereinander und zur Hauptstadt Berlin wünschte. Da in einigen Provinzen zwischen größeren Städten Konkurrenz-Eisenbahnen entstanden waren, die sich natürlich nicht recht rentierten und bei denen – teils wohl aus diesem Grunde – auch in sicherheitstechnischer Hinsicht Mängel zu beklagen waren, keimte in Preußen, unterstützt noch durch strategische Überlegungen, der Staatsbahngedanke. Trotz der Grenzlage Schleswig-Holsteins fanden diese Überlegungen hier zunächst keine Anwendung, da sich auch im evt. Kriegsfalle fast alle militärisch wichtigen Strecken in einer Hand befanden. Die spätere Verstaatlichung entsprang dem Wunsch nach einem einheitlichen Staatsbahnnetz. In diesen 70er Jahren waren alle vier heute noch bestehenden Landverbindungen des schleswig-holsteinischen Eisenbahnnetzes mit denen Mecklenburgs und Hannovers vorhanden. Seit 1846 gab es die Berlin-Hamburger Eisenbahn mit Anschluß von Mecklenburg bei Büchen, seit dem 1. Mai 1870 betrieb Mecklenburg eine Strecke von Bad Kleinen nach Lübeck, für deren Bau sich die heutige Handelsbank in

Auf der Strecke Lübeck–Hamburg hält der Personenzug der LBE, gezogen von einer der vielen 1B-Lokomotiven

Lübeck, die damals als Commerz-Bank in Lübeck firmierte, finanziell engagierte, am 1. Dezember 1872 wurden die Hamburger Elbbrücken eingeweiht, und 1878 folgte die Hohnstorf-Lauenburger Brücke. Noch aber mußten Reisende und Güter aus dem östlichen Holstein und Mecklenburg über Hamburg nach Norden reisen, denn es gab nur die Verbindung über Altona–Neumünster. So konstituierte sich im Mai 1870 die *Eutin-Lübecker Eisenbahn-Gesellschafft,* ELE, die das nötige Kapital durch eine Prioritätsanleihe der heutigen Handelsbank in Lübeck aufbringen konnte und am 10. April 1873 diese Lücke im Eisenbahnnetz schloß. Trotz der günstigen Verbindungslage war die Rentabilität schwach und konnte erst durch den Anschluß der in Ahrensbök liegenden Zuckerfabrik durch eine am 10. Mai 1886 vom Bahnhof Pönitz ausgehende Zweigbahn etwas verbessert werden.

Staatsbahn und Reichsbahn

Der Deutsch-Französische Krieg 1870/71 hatte auf Bau und Betrieb von Eisenbahnen in Schleswig-Holstein keinen Einfluß, nur wurde dadurch der Gedanke einer Staatsbahn im gerade gegründeten Deutschen Reich bei besonderem Interesse Preußens vorangetrieben, wenn es zu einer Reichsbahn auch erst fünfzig Jahre später kam. Die Einzelstaaten des Deutschen Reiches betrieben bereits Staatsbahnen in getrennter Entwicklung. Viele Übereinkommen sicherten technisch wie betrieblich ab, daß üblicherweise die Spurweite von 1435 mm gewählt wurde, daß die Pufferhöhen und -abstände den Wagenübergang ermöglichten, und z. B. die Tarife einigermaßen gleichmäßig angewendet wurden. Die Tarife der Privatbahnen unterschieden sich besonders deutlich in ihrer Struktur, doch wurde durch Deutschlands Lage in Mitteleuropa bald die Notwendigkeit erkannt, einheitliche Tarife anzuwenden, um den Durchgangsverkehr zu erleichtern.
Noch aber hatte die Königlich Preußische Eisenbahn-Verwaltung, KPEV, keine Strecke in Schleswig-Holstein. Dem preußischen Staat erschien das aus den aufgezeigten Gründen nicht nötig, und so gab es weiterhin eine kräftige Entwicklung von Privatbahnen, an denen sich Preußen bereits häufiger finanziell, meist mit einem Sechstel des veranschlagten Baukapitals, beteiligte. Die als nächste größere Strecke am 10. Dezember 1875 eröffnete Bahn *Neumünster-Oldesloe* war allerdings rein vom Kapital der A.-K. E.-G. gebaut worden. Es hatte sich nämlich in Segeberg, etwa in der Mitte dieser Strecke gelegen, Steinsalz gefunden, dessen Abtransport mit einer Bahn gesichert werden sollte. Die A.-K. E.-G. hatte ursprünglich nur den Bau Neumünster–Segeberg geplant, allein die Beantragung einer Konzession für den Bau der gesamten Strecke von anderer Seite bewog die Gesellschaft, diesen Bau trotz ungünstiger Rentabilitätsberechnungen auszuführen.

Lübecks alter Bahnhof erinnerte fast an einen Lok-Schuppen. Beachtlich ist die stattliche Zahl der Läutewerke

Bald darauf konnte die A.-K. E.-G. ein weiteres Bauvorhaben seiner Bestimmung übergeben. Es handelte sich um die Umstellung vom aufwendigen Seilzugbetrieb auf der schiefen Ebene von Neumühlen (= Altona Hafen) zum Altonaer Bahnhof zu einem Lokomotivbetrieb. Man baute dazu den lange Zeit einzigen Eisenbahntunnel nördlich der Elbe, der nach schwierigen Erdarbeiten am 18. Januar 1876 eingeweiht werden konnte.

Um diese Zeit hatte der »Verein deutscher Eisenbahnverwaltungen«, bestrebt, eine gute Aufschließung des Landes bei nicht nur regional einsetzbaren Betriebsmitteln zu schaffen, für Nebenbahnen Normen aufgestellt, die auch den Bau wirtschaftlich geringer rentabler Bahnen ermöglichen sollten. Die am 22. August 1877 eröffnete *Westholsteinische Eisenbahn* von Neumünster über Heide nach Karolinenkoog (gegenüber von Tönning) war eine der ersten nach diesen erleichterten Bestimmungen gebauten Bahnstrecken. Sie wies leichteren Oberbau und größere Steigungswinkel auf und wurde mit geringerer Fahrgeschwindigkeit als bisher üblich betrieben. In Karolinenkoog war eine Dampffähre zur Verbindung mit dem auf dem Nordufer der Eider liegenden Tönning geschaffen worden. Eine kurz darauf in Betrieb genommene, ab Heide nach Wesselburen führende Bahn wurde von Anfang an von der Westholsteinischen Eisenbahn betrieben und noch vor Verlängerung nach Büsum (ab 1. November 1883) von ihr übernommen. Die Westholsteinische Eisenbahn wurde teilweise mit Kapital der A.-K. E.-G. gebaut, da diese durch den Anschluß von Neumünster mit Mehrverkehr rechnete. Diese Erwartung hat sich nicht erfüllt. Das lag hauptsächlich an dem Bau der großen, an der Westküste entlangführenden Strecke von Itzehoe über St. Michaelisdonn nach Heide, die den südwärts führenden Verkehr fast ganz aufnahm. Diese am 1. November 1878 von der *Glückstadt-Elmshorner Eisenbahn-Gesellschaft* eröffnete Bahn änderte kurz darauf ihren Namen in *Holsteinische Marschbahn,* erfuhr ab 15. Dezember 1880 eine Erweiterung ab St. Michaelisdonn nach Marne (für Güter- wie Personenverkehr) und wurde ab 1. Oktober 1884 in die »Köge« verlängert. Ihre Funktion war die einer reinen Erschließungsbahn nach Friedrichskoog-Mittel sowie von Kronprinzenkoog-Mittel nach -Süd und ab 17. Oktober 1884 von Kronprinzenkoog-Nord nach Norderfleth. Sie war nur für Güterverkehr vorgesehen. Ihr Streckennetz erweiterte diese Bahngesellschaft noch beträchtlich, als ab 17. Oktober 1887 bzw. 15. November 1887 von Heide über Husum–Niebüll–Tondern bis an die dänische Grenze bei Hvidding, nahe Ribe, eine Verlängerung eröffnet wurde mit einem kurz darauf ab

Viel Personal und wenig Fahrgäste: Um die Jahrhundertwende auf dem Bahnhof Ascheberg. Die Lok ist bereits eine preußische Personenzug-Lokomotive

Bredebro nach Lügumkloster führenden Abzweig. Wegen dieser Netzvergrößerung änderte die Gesellschaft erneut ihren Namen: Ab Neujahr 1888 nannte sie sich *Schleswig-Holsteinische Marschbahn.*
In die Periode der »frühen Privatbahnen« fällt auch noch die Entstehung der an der Ostküste entlangführenden *Kiel-Eckernförde-Flensburger Eisenbahn.* Wer bisher von Kiel nach Norden reisen wollte, mußte noch immer über Neumünster fahren, auch die Güter hatten diesen Weg zu nehmen. Da sich ein gewisses Verkehrsbedürfnis mit Kiel auch für das an der Strecke liegende Eckernförde herausstellte, wurde die vorgenannte Gesellschaft gegründet, die im Jahre 1881 die Bahn dem Verkehr übergeben konnte.

Im gleichen Jahr eröffnete die A.-K. E.-G. die von ihr gebaute und betriebene, aber nicht voll in ihrem Besitz liegende Nebenbahn von Neustadt nach Oldenburg, womit diese Kreisstadt ihren Bahnanschluß erhielt.
Auch im Lübecker Bereich kam es zur Erweiterung des Netzes. Der starke Anstieg des Verkehrs vor allem zwischen Hamburg und Lübeck machte den zweigleisigen Ausbau der Strecke notwendig sowie die Planung einer Nebenbahn nach Travemünde. Bis nahe Bad Schwartau wurde die Strecke der Eutin-Lübecker Eisenbahn mitbenutzt, dann schwenkte die Strecke nahe am Traveufer entlang, noch auf Lübecker Gebiet liegend, in Richtung Travemünde. Sie wurde am 1. August 1882 eröffnet.
Das größte schleswig-holsteinische Eisenbahnunternehmen, die A.-K. E.-G., deren Streckennetz von ursprünglich etwa einhundert Kilometer auf jetzt über fünfhundert Kilometer angestiegen war – obwohl man keine Expansion beabsichtigt hatte und nur unter dem Zwang der Existenzsicherung Bahnstrecken übernahm oder neu baute – eröffnete am 2. Dezember 1883 die Nebenbahn *Blankenese-Wedel* als letzten Streckenbau vor der Verstaatlichung. Die Nebenbahn war aus dem Geld gebaut worden, das 1870 bei Übernahme der Schleswigschen Eisenbahnen AG zur Verwendung für deren Strecken zurückgelegt worden war. Es ist nicht ausgeschlossen, daß man mit der Verstaatlichung rechnete und, da sich die schleswigschen Strecken in gutem Zustand befanden, für Schleswig-Holstein noch eine Erweiterung des Netzes durch diesen Bau ermöglichen wollte.
Es ist um diese Zeit, daß sich die Berlin-Hamburger Eisenbahn und deren an alles denkende Verwaltung auch um die Freizeit der bei ihr Beschäftigten kümmerte. Die für die Bahn zuständigen Preußen hatten da ihre eigenen Ideen, die Zeit zwischen Dienstschluß und Dienstbeginn sinnvoll zu reglementieren. Ein amtliches Papier verlautbarte daher, die Bahnwärter mögen sich Bienenvölker zulegen, denn »ans Haus und an die engbegrenzte Strecke gebunden, haben die Bahnwärter, mitunter allem Verkehr mit Menschen fern, jahraus, jahrein ihrer einförmigen Beschäftigung obzuliegen. Es verdient

Aus der Hamburger Zeitschrift »Reform«, 1887

Mißverständniß.

Bauer: Na Bardörp, drüdde Klass' — hier kann ick woll instiegen?
Schaffner: Ja, aber rauchen Sie?
Bauer: Na, wenn Se grad en Zigarr for mi över hewt, geben Se man her.

hierbei, den geist- und gemütveredelnden Einfluß des Bienenzüchtens hervorzuheben. Man kann sich nach dem Wandel von hunderten Bienenzüchtern erkundigen und wird kaum einen finden, der unordentlich oder faul wäre oder seine Freistunden im Wirtshaus zubrächte. Und wer wirklich Bienenfreund ist, ist sicher auch ein fleißiger, ordnungsliebender, verträglicher und überhaupt ein guter Mensch.« Soweit die fürsorgliche Bahnverwaltung. Ob hiernach das Bienenzüchten an der Strecke mit Bravour betrieben wurde, ist verläßlich nicht mehr festzustellen.

Was auf den Schienen rollte

Die ersten Lokomotiven kamen, wie wir gesehen haben, alle aus England, da es weder in Dänemark noch in Deutschland eine Lokomotivbauindustrie gab. Als letzte Lieferung aus England landeten 1873 für die Schleswigschen Eisenbahnen zwei Lokomotiven, insgesamt waren für die Bahnen Schleswig-Holsteins einundvierzig englische Maschinen, davon neun Tenderloks, gebaut worden. Die nach diesem Datum gelieferten Lokomotiven waren alle in deutschen Fabriken entstanden, ausgenommen lediglich zwei für die Schleswigsche Eisenbahn im Krieg 1864 von Österreich gelieferte Güterzuglokomotiven, die sich für die Beförderung der schweren Güterzüge mit Kriegsmaterialien eigneten. Die meisten Lokomotiven waren B-gekuppelt mit vorderer oder hinterer Laufachse. Anfänglich gab es einige 1A1-Lokomotiven, doch die LBE verwandte bald auch Dreikuppler für Güterzüge.
Die Personen- und Güterwagen wurden meist in Deutschland hergestellt, in der Anfangszeit wurden die Achsen, Puffer, Federn usw. teils noch aus England bezogen. Einige Fahrzeuge bauten die Bahnwerkstätten selbst, das Gros die aufkommende Wagenbau-Industrie. Die Personenwagen sind bis auf Ausnahmen zwei- und dreiachsige Abteilwagen gewesen. Die Kiel-Eckernförde-Flensburger Eisenbahn verwendete Durchgangswagen, bald darauf gab es diese Bauart auch bei der LBE. Der Güterwagenpark bestand vorwiegend aus zwei- und dreiachsigen Wagen, für spezielle Transporte standen

Um 1890 wirkte der Eckernförder Bahnhof der Kiel-Eckernförde-Flensburger Eisenbahn wie eine trutzige Burg

vereinzelt Vierachser zur Verfügung. Offene und gedeckte kurze Wagen beherrschten das Bild der Bahnhöfe in Verbindung mit hochbordigen, teils mit Zwischenborden versehenen offenen Viehwagen, auch Flachwagen waren vorhanden. Erst später wurden für bestimmte Güter Spezialwagen konstruiert.

Die Züge fuhren handgebremst, daher besaßen viele Wagen Bremsersitz oder Bremserhäuschen, erhöht auf dem Dach oder nur auf einer Bühne. Auf unterschiedliche Signalpfiffe des Lokomotivführers wurde langsam oder schnell gebremst oder aber die Bremse gelöst. In Ausnahmefällen hat es handgebremste Züge noch bis um 1930 gegeben.

Ein Schaffner behängt mit seinen Arbeitsutensilien: Karbidlampe, 2 Messingtrommeln mit Fahrscheinen, »Knips«-Zange, Tasche und Mappe. Nur die Trillerpfeife fehlt. Bei seiner elektrischen Kleinbahn Altrahlstedt-Volksdorf-Wohldorf brauchte er sie auch nur zum Rangieren, denn die Wagen der Bahn hatten Zugglocken wie die Straßenbahn

Die preußischen Ergänzungsbauten

Mit Verhandlungen zur Übernahme der A.-K. E.-G. in den Besitz des preußischen Staates begann die Verstaatlichung der »frühen Privatbahnen« im Jahre 1883 auch in Schleswig-Holstein. Ab 1. Januar dieses Jahres führte die A.-K. E.-G. bereits den Betrieb für Rechnung des Staates inklusive des Netzes der Schleswigschen Eisenbahnen, die ja trotz Aktienmajorität der A.-K. E.-G. noch immer eine eigene Gesellschaft war. Darum mußte Preußen auch mit dieser Gesellschaft verhandeln, um nicht sein Abrechnungswesen durch die immer noch gültige Vereinbarung auf feste Verzinsung, wie vordem durch die A.-K. E.-G. garantiert, zu komplizieren. Die Schleswigsche Eisenbahn-AG wurde am 1. April 1885 aufgelöst, die A.-K. E.-G. am 1. Juli 1886. Damit waren über fünfzig Prozent des Eisenbahnstreckennetzes in der Hand des preußischen Staates, vom Verkehr her betrachtet jedoch wegen des Einzugsgebietes der Bahnen ein noch höherer Anteil. Für diese erste Verstaatlichung in Schleswig-Holstein gab es, sieht man von der ebenfalls um diese Zeit übernommenen Berlin-Hamburger Eisenbahn ab, keine andere »Begründung«, als »daß das Staatsbahnsystem auf die Provinz Schleswig-Holstein, welche bis dahin der Staatsbahnen noch völlig entbehrte, ausgedehnt werde, um die Staatsbahnpolitik in allen Landesteilen gleichmäßig anzuwenden«.

Daß es kein dringendes Bedürfnis war, macht auch die Tatsache deutlich, daß in Schleswig-Holstein mit der Verstaatlichung erst begonnen wurde, nachdem im übrigen Preußen schon ein überwiegendes Staatsbahnnetz geschaffen worden war.

Die nächsten Verstaatlichungen trafen die Strecken der Schleswig-Holsteinischen Marschbahn sowie der Westholsteinischen Eisenbahn, beide Gesellschaften haben am 1. Juli 1890 aufgehört zu existieren. Der Grund der Verstaatlichung dürfte vor allem in der neuen Verbindung nach Jütland zu sehen sein, die Westholsteinische Eisenbahn wurde als »geeignet für die bessere Ausgestaltung des Staatsbahnnetzes in Schleswig-Holstein befunden«. Dafür sprach ihre Verbindungsfunktion zwischen den Marschstrecken mit dem Knotenpunkt Neumünster.

Ein gutes Jahrzehnt sollte noch bis zur nächsten Verstaatlichung vergehen, dann wurde die für Schleswigs Ostseeküste wichtige Nebenbahn Kiel–Eckernförde–Flensburg betroffen und die Gesellschaft mit dem 1. Juli 1903 aufgelöst.

Zu weiteren Verstaatlichungen kam es zur Zeit der KPEV in Schleswig-Holstein nicht.

Insgesamt übernahm Preußen für seine neugeschaffene Eisenbahndirektion Altona von den fünf Gesellschaften etwa 160 Lokomotiven und etwa 2650 Wagen, ein Fahrzeugpark, der bis zur Ausmusterung üblicherweise in dem ihm angestammten Gebiet im Einsatz blieb. Es fällt auf, daß die LBE und die ELE nicht in die Verstaatlichung einbezogen wurden. Bis heute hat sich kein eindeutiger Grund für die Zurückhaltung Preußens gegenüber den Lübecker Bahnen finden lassen, es sei denn, daß »sie mit wichtigen Teilen in außerpreußischen Staatsgebieten belegen, fremden Einflüssen unterworfen und schon bei ihrer ersten Anlage den Bedürfnissen der betreffenden Einzelstaaten angepaßt« waren. Diese Beurteilung ist nicht abwegig, die baulich bedeutendsten Anlagen der Bahnen befanden sich auf den eigenen Staatsgebieten Lübecks und Hamburgs, die ELE lag ganz auf dem Gebiet Lübecks bzw. des Fürstbistums Oldenburg.

War nun ein gewisser Abschluß der Verstaatlichungen um 1890 eingetreten, so mußte es Preußen jetzt daran gelegen sein, bald die Verbindung der Städte untereinander zu verbessern und einen von den anderen Staatsgebieten unabhängigen Anschluß der verstaatlichten Bahnen zu erreichen. Bisher führten ja alle Strecken durch Lübecker und oldenburgisches oder durch Hamburger Gebiet. Daher entstand als erste Verbindung die am 1. August 1887 von der KPEV eröffnete Strecke *Oldesloe–Schwarzenbek*. Diese Bahn sollte ursprünglich bis Lauenburg geführt werden, um von der Provinz Hannover ohne Benutzung einer Privatbahn oder fremden Gebietes über die Elbbrücke die Bahnstrecken in Schleswig-Holstein zu erreichen. Durch die Übernahme der Berlin-Hamburger Eisenbahn – und damit auch deren Strecke Büchen–Lauenburg–Schwarzenbek – wurde diese Verbin-

Ein langer Zug mit preußischen Abteilwagen, abfahrtbereit auf dem Bahnhof Glückstadt

dung überflüssig. Der Weg von der Reichshauptstadt nach Kiel verkürzte sich ohnehin um rund 27 Kilometer gegenüber dem vorher üblichen über Altona.

Man strebte jedoch eine noch kürzere Eisenbahnverbindung des »Reichskriegshafens« mit der Hauptstadt an. Also plante und baute man auf dem direktesten Weg eine Bahn von Hagenow über Ratzeburg-Bad Oldesloe, und dies trotz Protestes der Stadt Mölln, die indessen wenigstens erreichen konnte, daß von Hollenbek nach Mölln eine Zweigbahn gebaut wurde. Der Bahnkomplex wurde in mehreren Abschnitten zwischen 1894 und 1899 eröffnet.

Das übernommene Netz der Privatgesellschaften war im großen und

ganzen ein Nord-Süd-Streckennetz. Die Anlage von Querbahnen zur Verbindung der beiden »Magistralen« begann mit der *Bahn Itzehoe–Wrist,* durch die der Kreis Steinburg einen besseren Anschluß nach Norden bekam. Zwei Monate später wurde die *Strecke Lindholm (bei Niebüll)–Nordschleswigsche Weiche* in Betrieb genommen und die große im Norden bestehende Schienenlücke geschlossen. Dem gleichen Zweck diente der Bau der langen Verbindung *Kiel–Rendsburg–Husum.* Namentlich der erste Streckenabschnitt Kiel–Rendsburg (am 15. Oktober 1904 eröffnet) war auch wegen der Entlastung des Knotenpunktes Neumünster erforderlich. Die als Nebenbahn gebaute Strecke mußte wegen ihrer Bedeutung bald als Hauptbahn ausgebaut werden. Die Stecke Rendsburg–Husum wurde erst am 1. September 1910 der Öffentlichkeit übergeben.
Eine weitere Gruppe der von Preußen angelegten Bahnen bilden die bei vorhandenem Verkehrsbedürfnis meist als Stichbahnen zur besseren Erschließung einiger Landesteile der Provinz Schleswig-Holstein ausgeführten Strecken. So wurde *St. Margarethen–Brunsbüttelkoog* zur Bedienung der Betriebsanlagen des Kaiser-Wilhelm-Kanals gebaut, den Preußen in den Jahren 1887 bis 1895 erbaut und ab 1904 bis 1914 erweitert hatte. Die seit 1884 nur im Güterverkehr bediente Strecke *Marne–Friedrichskoog-Mittel* wurde im Jahre 1898 auch für Personenverkehr geöffnet. Im Westen entbehrte Eiderstedt noch einer Bahn, die hauptsächlich zur Verbesserung der Absatzmöglichkeiten der Landesprodukte von *Tönning* aus nach *Garding* gebaut wurde. Für den Bau der Strecke von *Tondern* nch *Hoyer Schleuse* im Nordwesten lag ein ganz anderer Grund vor: Hier war der Sommerverkehr der Badegäste nach Sylt so stark geworden, daß man diese Strecke schon am 15. Juni 1892 eröffnete.
Der Ostteil von Wagrien wurde durch die Bahn *Malente-Gremsmühlen –Lütjenburg* angebunden. Sonderburg auf Alsen erhielt Anschluß von Pattburg über Törsbüll durch die Halbinsel Sundewitt, auch von Tingleff führte eine Verbindungsstrecke nach Törsbüll. Später baute man ab Westersatrup noch eine Stichbahn nach Schelde, auch aus militärischen Gründen, da man am Nordufer der Flensburger Förde die Anlage eines Marinestützpunktes plante.
Das Netz der von der KPEV betriebenen Haupt- und Nebenbahnen

hatte mit den Neubaustrecken um 1912 eine Gesamtlänge von gut 1330 Kilometern erlangt, zur Zeit der Preußischen Staatbahn wurde es nicht mehr erweitert, sieht man von Umbauten ab. Rund 230 Kilometer private Haupt- und Nebenbahnen ergänzten dieses Netz, in der Hauptsache die Strecken der ELE, der Kreis Oldenburger Eisenbahn sowie der LBE. Bei der LBE hatten zwischenzeitlich ebenfalls Erweiterungen stattgefunden. Eine Verlängerung der Travemünder Strecke zum Travemünder Strandbahnhof sowie eine Nebenbahn, die nach Niendorf abzweigte, waren durch den stark zunehmenden Ostseebäderverkehr notwendig geworden. Auch mußte man 1902 eine *Nebenbahn nach Schlutup* führen, die vor allem die Absatzchancen für die Produkte der dort ansässigen Fischräuchereien verbessern sollte. Den Personenverkehr führte die LBE jedoch nur bis 1916 durch, der große Bogen, den die Strecke um die Stadt Lübeck macht, ließ die Fahrgäste auf die 1914 eröffnete Straßenbahn umsteigen.
Die Betriebsmittel der Staatsbahnstrecken waren zunächst die bei Übernahme der Privatbahnen vorgefundenen Fahrzeuge. Bald schon kamen, hauptsächlich auch infolge der Netzerweiterung, von Preußen für diese Strecken neu beschaffte Lokomotiven und Wagen, die allgemein den von der KPEV aufgestellten Normalien entsprachen. Die KPEV hatte besonders unter dem Gesichtspunkt der Ersatzteilhaltung wie auch einer universellen Einsetzbarkeit für die unterschiedlichsten Lokomotiven und Wagen gewisse Vereinheitlichungsrichtlinien erarbeitet, und das kam auch dem preußischen Sparsamkeitsbedürfnis entgegen. Von den 161 übernommenen Lokomotiven der Vorgängerbahnen waren im Jahre 1906 noch etwa siebzig im Dienst der Staatsbahn, die ausgemusterten waren durch Neubauten ersetzt worden, nur eine einzige erlebte 1925 den Übergang auf das neue Nummernschema der Deutschen Reichsbahn.

Die Klein- und Privatbahnen

War bisher von den Haupt- und Nebenbahnen die Rede, so bilden die Kleinbahnen die dritte Gruppe von Bahnen. Ihre vielen Strecken spielten eine bedeutende Rolle für die Erschließung Schleswig-Holsteins sowie als Zubringebahnen für die Hauptstrecken.
Die ersten Eisenbahnstrecken waren hauptsächlich Verbindungsbahnen weiter entfernter Städte und wurden demgemäß mit - nach damaligem Ermessen - gerade noch vertretbaren Steigungen und Krümmungen versehen. Der allgemeine Verkehrsaufschwung wie auch das Verlangen weniger bedeutender Orte nach einer Schienenverbindung führte ab 1878 zu nunmehr als Nebenbahnen bezeichneten Strecken. Diese 1878 erlassene »Bahnordnung für deutsche Bahnen untergeordneter Bedeutung« konnte jedoch nur einigen Strecken zur Bauwürdigkeit verhelfen; ihre Anforderungen waren trotz einer gewissen Reduzierung noch zu hoch. Mit einem ab 28. Juli 1892 für Preußen geltenden Kleinbahngesetz wurde dann eine Grundlage geschaffen, die eine einfachste Anlage von Bahnen gestattete.
Mehr als bei Haupt- und Nebenbahnen kam es bei den Kleinbahnen auf absolute Billigkeit bei Bau und Betrieb an, es war wichtiger, möglichst viele Orte eines Landesteils zu erschließen, als durch eine besonders geradlinige Streckenführung eine schnelle Beförderung zu erreichen. Nach Erlaß dieses Kleinbahngesetzes wurde keine der neuen Privatbahnen mehr als Nebenbahn konzessioniert. Eine Ausnahme machte nur die wegen ihrer Querverbindungsfunktion aus strategischen Gründen als Nebenbahn ausgeführte *Elmshorn-Barmstedt-Oldesloer Eisenbahn.* Hinzu traten einige Erweiterungen der bereits vorher existierenden privaten Nebenbahnen. In späteren Jahren hat es zwar teilweise Umkonzessionierungen gegeben, da aber bei den technischen wie betrieblichen oder verkehrlichen Vergleichen keine scharfe Unterscheidung gemacht werden kann, sollen alle noch nach der Verstaatlichung bestehenden Privatbahnen - mit Ausnahme der Strecken der Eutin-Lübecker wie der Lübeck-Büchener

Auch heute noch fährt der Triebwagen T 2 durch Nordfriesland von Niebüll nach Dagebüll

Eisenbahngesellschaft - als Kleinbahnen angesehen werden. Die beiden letztgenannten Gesellschaften ragen durch ihre verkehrliche Bedeutung, die meisten der von ihnen betriebenen Strecken auch durch ihren Hauptbahncharakter so weit aus dem Rahmen der Kleinbahnen, daß sie nicht mit den übrigen verglichen werden können und ihre Entwicklung daher im vorangegangenen Kapitel beschrieben wurde.

Gemeinsamkeiten

Es scheint zuerst nötig, einige Gemeinsamkeiten der Kleinbahnen herauszustellen, da es nicht möglich ist, im Rahmen dieses Buches die Entstehungsgeschichte wie auch die Gründe für Bau und Betrieb jeder einzelnen Strecke nachzuvollziehen.
Die Kleinbahnen wurden in vier verschiedenen Spurweiten gebaut, Normalspur 1435 mm, 1000 mm, 860 mm, 750 mm. Die meisten Strecken waren in Meterspur angelegt, etwa 660 Kilometer, ihnen folgten etwa 600 Kilometer Normalspurbahnen. Die beiden anderen Spurweiten stellten Ausnahmen dar, denn nur etwa sieben Kilometer wurden in 860 mm und nur vier Kilometer in 750 mm Spurweite ausgeführt. Die Wahl der Meterspur für Kleinbahnen war sicherlich durch den in der Anfangszeit des Kleinbahnbaus an Planung und Bau vieler Bahnen beteiligten Ingenieur Kuhrt beeinflußt und stellte einen guten Kompromiß dar zwischen Beförderungsleistung und relativ niedrigen Anlagekosten. Trotz einer Beteiligung des Staates - und in geringem Maße der beteiligten Gemeinden - wurde das Kapital oft zur Hälfte aus dem betreffenden Kreis aufgewendet. Die meisten Strecken haben zeit ihres Bestehens keine Verzinsung erbracht, sollten ja aber auch, im Gegensatz zu früher geplanten Bahnen, nur der Verbesserung der Lebensbedingungen auf dem Lande dienen. Einige wurden anstatt teurerer Chausseen angelegt, so daß eigentlich weniger von Verkehrsverbesserungen als von Maßnahmen zur Hebung des allgemeinen Lebensstandards gesprochen werden muß.
Eigene Kleinbahnen gab es in folgenden Kreisen: Hadersleben (213 km), Apenrade (86 km), Sonderburg (Alsen, 49, km), Flensburg (95 km), Eckernförde (54 km), Norderdithmarschen (Heide, 54 km), Rendsburg (46 km), sämtlich - bis auf einzelne Gleise in Spezialfällen - in Meterspur.
In Normalspur angelegt wurden die Schleswiger Kreisbahn (110 km) und die Südstormarnsche Kreisbahn (inklusive der mitbenutzten Billwerder Industriebahn 34 km). Zu den Meterspurbahnen kamen noch die Inselbahnen auf Sylt, ca. 39 km, die Kleinbahn Niebüll-Dagebüll, ca. 14 km, und die Inselbahn Amrum, 13 km, die - wie die 750-mm-Spur-Bahn auf der Insel Röm (mit 4 km) - aus Fremden-

Aufgestellt zum würdevollen Gruppenfoto: Personal der Ratzeburger Kleinbahn

verkehrsgründen (Seebäderverkehr) gebaut wurden. Zwei Meterspurbahnen in Altona-Ottensen und Wandsbek wurden als Güterbahnen wie drei im Kieler Raum liegende Bahnen errichtet: die Kieler Hafenbahn (Ostuferbahn), die Kleinbahn Suchsdorf-Kiel-Wik sowie die Eisenbahn Neuwittenbek-Voßbrook mit zusammen etwa 24 Kilometer Streckenlänge. Die in der ungewöhnlichen Spurweite von 860 mm gebaute Bahn Itzehoe-Lägerdorf wurde für den Verkehr von den Kreidegruben Lägerdorfs zur Alsenschen Portland-Cement-Fabrik nahe Itzehoe gebaut.

Die vorher beschriebenen Kreisbahnen sollten ebenso wie die meisten der Normalspurstrecken zur Erleichterung des landwirtschaftlichen Verkehrs dienen, sie stellen die weitaus größte Gruppe dar. Vorzugsweise als zur Verbesserung des Personenverkehrs in Verbindung mit Gepäck usw. errichtet, können allenfalls die *Elektrische Kleinbahn Altrahlstedt-Volksdorf-Wohldorf* sowie - in der Anfangszeit - die *Uetersener Eisenbahn* genannt werden.

Wie sie entstanden

Die bereits erwähnte 860-mm-Spur-Bahn von *Itzehoe nach Lägerdorf* wurde um 1868 als Pferdebahn in Betrieb genommen. Der Lokomotivbetrieb wurde ab 31. Mai 1878 genehmigt. Vom 1. August 1900 bis 1908 war die Bahn als Kleinbahn konzessioniert und diente zeitweilig dem Personenverkehr und öffentlichen Güterverkehr. Ohne Betriebspflicht wurde sie ab 1908 zur Industriebahn.
Die Uetersener Eisenbahn nach Tornesch verkehrte ab 2. September 1873 als Pferdebahn. Sie stellte Uetersens Anschluß an die A.-K. E.-G., in der Regel zu jedem auf der Hauptbahn in Tornesch haltenden Zug, her. Durch die Ausweitung vor allem auch der Industrie wurde ab 20. Mai 1908 Lokomotiv- und Dampftriebwagen-Betrieb eingeführt. Der Güterverkehr wurde teils mit Normalspurwagen auf Normalspurrollböcken (kleinen, zweiachsigen Wägelchen unter jeder Achse) wegen der engen Anschlußgleisradien durchgeführt. Nach Umbau der Strecke kamen lange Zeit drei Motortriebwagen in Einsatz.
1881 wurde die *Kreis Oldenburger Eisenbahn* eröffnet, die im Jahre 1898 bis Heiligenhafen verlängert war. Eine eigene Gesellschaft baute ab 1903 von Lütjenbrode eine Kleinbahn, die mittels eines Trajektes über den Fehmarnsund nach Burg und weiter nach Orth führte und damit die »Kornkammer Holsteins« erschloß. Die Fahrzeuge wurden bis 1931 von der A.-K. E.-G. bzw. der Staatsbahn gestellt, danach beschaffte man eigene.
Als *Schleswig-Angeler Eisenbahn* eröffnete ab 15. Mai 1883 eine Gesellschaft eine Bahnstrecke von Schleswig nach Süderbrarup, die

In Meiendorf hatte Triebwagen 6 der Elektrischen Kleinbahn Altrahlstedt–Volksdorf–Wohlsdorf noch viel Platz auf der Hauptstraße, als er am 26. April 1934 fotografiert wurde

nach Übernahme durch den Kreis Schleswig 1904 bis Kappeln verlängert wurde. Ebenfalls 1904 erhielt das nördliche Hügelland des Kreises Schleswig durch die Strecke nach Satrup Bahnanschluß. Ein Jahr darauf wurde in südwestlicher Richtung durch das verkehrsarme Heide- und Moorgebiet eine Bahn nach Friedrichstadt gebaut, die sich nie rentiert hat. Von Schleswig bis in die Nähe des Bahnhofs Jagel wurde ein Teilstück auf der 1869 aufgegebenen Trasse der Klosterkrug-Schleswiger Eisenbahn errichtet.
Von *Altona bis Kaltenkirchen* fuhr ab 8. September 1884 eine leicht gebaute Bahn, teilweise den Sommerweg der nach Kiel führenden Chaussee nutzend, die 1898 nach Bramstedt verlängert wurde. Nach einer Neutrassierung des Südabschnittes konnte 1916 bis Neumünster

gefahren werden. Anfänglich waren Lokomotiven mit nur einem Mittelpuffer in Betrieb, die aber bald von Maschinen mit normaler Zug- und Stoßvorrichtung abgelöst wurden.
Das erste Meterspur-Kreisbahnnetz wurde vom Kreis Flensburg-Land ab 1885 eröffnet. Die über *Glücksburg-Rundhof bis Kappeln* führende Nordbahn erhielt 1902 Zuwachs durch eine Strecke über *Satrup-Sörup nach Rundhof.* Das unerwartet hohe Verkehrsaufkommen auf der Glücksburger Strecke führte zu einem vollständigen Umbau, der zwar infolge teilweiser Neutrassierung die Bahn um zwei Kilometer verkürzte, die Bahnstrecke jedoch zwei Drittel Mehrlänge zwischen den Endpunkten gegenüber der Luftlinien-Entfernung behalten ließ. Ab 1925 wurde das Teilstück Flensburg-Glücksburg elektrifiziert, die Fahrzeuge stellte die Flensburger Straßenbahn.

Auf Inseln und an der Küste

Mit der ab 8. Juli 1888 in Betrieb genommenen ersten *Schmalspurbahnstrecke auf Sylt,* von Munkmarsch (Dampferanlegeplatz) nach Westerland, wurde der Grundstock für ein bald sehr eigenwilliges Kleinbahnnetz gelegt. Anfänglich verkehrte die Bahn nur in der Badesaison. Der beträchtlich zunehmende Verkehr machte Verbindungen zum Norden nach List wie südlich nach Hörnum sinnvoll. Die Strecken wurden von zunächst getrennten Gesellschaften gebaut. Die Südbahn fiel durch besonders großzügige Ausstattung auf. Im Ersten Weltkrieg baute die Marine eine Stichbahn nach Keitum, die bald wieder eingestellt wurde.
Die Halbinsel Schwansen wurde ab 29. Januar 1889 durch die meterspurige *Eckernförder Kreisbahn* erschlossen, deren Strecke viele Jahre lang in Ellenberg, gegenüber von Kappeln, endete. Die dortige leichte Pontonbrücke, über die man Güterwagen mit Pferden beförderte, wurde 1927 durch eine Drehbrücke ersetzt, so daß nun alle Züge den Bahnhof der Flensburger Kreisbahn in Kappeln mitbenutzen konnten. Eine weitere Strecke eröffnete die Kreisbahn am 30. Oktober 1904, sie führte durch einsames Gebiet nach Owschlag, etwa in der Mitte der Bahnstrecke Schleswig-Rendsburg gelegen. Den Ort wählte

Als man zur Insel Sylt noch keinen Damm gebaut hatte, bestand die kürzeste Verbindung zum Festland über den Anleger Munkmarsch. Man fuhr mit Raddampfer und Inselbahn, wie es hier ein Bild aus der Anfangszeit des Bahnbetriebes zeigt

man, da man sich weder für Rendsburg noch Schleswig als Endpunkt entscheiden konnte und hoffte, so den Verkehr in beide Städte zu befriedigen; ein Kompromiß, der sich nicht nur in diesem Falle als verfehlt herausstellte.

Auf *Amrum* gab es ab 1894 eine sehr einfach erbaute Inselbahn in Meterspur, von Wittdün zum Strand. Die Strecke wurde im gleichen Jahr durch eine Sturmflut weggespült, wurde aber bald neu errichtet. Da sich die Führung der Dampferlinie änderte, baute man die Bahn bis Norddorf weiter (eröffnet 1902). Ab 1909 bis etwa 1921 war elektrischer Betrieb mit zweiachsigen Straßenbahnwagen möglich, da man die Strecke Norddorf-Wittdün mit Oberleitung ausgerüstet hatte. Eine weitere »Bäderbahn« war die am 13. Juli 1895 eingeweihte *Kleinbahn Niebüll-Dagebüll.* Die Meterspurbahn verkehrte als Anschluß für die Bäderdampfer von und zur Insel Föhr. Ab 1925 wurde die Bahn auf Normalspur umgespurt.

Eine ab 15. Juli 1896 von *Elmshorn* bis *Barmstedt* – und nach Verlängerung ab 1907 über *Ulzburg* nach *Oldesloe* – führende Nebenbahn erschloß das verkehrsarme Gebiet nördlich Hamburg. Ihre Hauptbedeutung erlangte die Bahn durch den Direktgüterverkehr zwischen Westholstein und Mecklenburg/Pommern.

Die *Kiel-Schönberger Eisenbahn,* später bis Schönberger Strand verlängert, sollte das Ostufer der Kieler Förde und die Probstei erschließen. Sie fuhr ab 7. Juli 1897 bis Schönberg, die Verlängerung ab 1914 diente fast nur dem Badeverkehr.

Die nächsten Kleinbahnen wurden in Meterspur alle in Nordschleswig gebaut. Das Netz der *Alsener Kreisbahn* stellte für die auf Alsen gelegenen Orte eine Verbindung zur Kreisstadt Sonderburg und zur Fähre Mummark her und ging am 6. Februar 1898 in Betrieb.

Der *Kreis Apenrade* eröffnete seine erste Kreisbahnstrecke nach Gravenstein, bis zur Eröffnung der Staatsbahn 1901 die einzige Verbindung auf die Halbinsel Sundewitt. Eine lange Bahnstrecke nach Lügumkloster brachte dem westlichen Kreisgebiet eine Verbindung zur Kreisstadt.

Mit rund 213 Kilometer Streckenlänge hatte der *Kreis Hadersleben* das größte Kreisbahnnetz in Schleswig-Holstein überhaupt. Im Jahre 1899 wurden die ersten Strecken eröffnet, der Ausbau des Netzes war im Jahre 1911 abgeschlossen. Nach Norden und Osten führten Stichstrecken nach Schottburg, Christiansfeld und Aarösund, westlich führte eine Strecke nach Ustrup, die sich in eine Südstrecke über Toftlund nach Arnum sowie eine Nordstrecke über Woyens-Gramm nach Arnum aufteilte. Von Gramm führte eine Stichbahn nach Rödding, von Arnum eine Strecke nach Scherrebek an die westliche Hauptbahn. Im Ersten Weltkrieg baute das Militär eine Verbindungsstrecke zwischen der Haderslebener und Apenrader Kreisbahn, die bei Kriegsende wieder abgebrochen wurde.

Ebenfalls 1899 erbaute ein Privatkonsortium, die Nordseebad Lakolk

Nach 1920: Ein Kohlezug der Alsener Kreisbahn in Sonderburg auf dem Weg vom Hafen zum Gaswerk

a/Röm GmbH, die *Inselbahn Röm* von Kongsmark (Anleger) nach Lakolk – und zwar irrtümlich ohne Konzession. Eine Antwort nämlich auf eine Anfrage beim preußischen Minister der öffentlichen Arbeiten, in der entschieden wurde, daß die Bahn dem Kleinbahngesetz unterliegen sollte, war in Lakolk gleich als Konzession aufgefaßt worden. Die Bahn in 750-mm-Spur wurde als Pferdebahn betrieben und wechselte wegen schlechter Rendite häufig den Besitzer.

Von Rendsburg bis Hohenwestedt eröffnete der *Kreis Rendsburg* am 21. Dezember 1901 eine Erschließungsstrecke. Die Meterspurstrecke

wurde am 14. Februar 1916 bis Schenefeld verlängert. Geplant war ursprünglich eine Weiterführung bis an die Strecke Itzehoe-St. Michaelisdonn, der Weltkrieg verhinderte das Projekt. Über den Kaiser-Wilhelm-Kanal führte in Rendsburg eine Drehbrücke.
Die drei Kilometer von ihrem Eisenbahnbahnhof entfernte Stadt *Ratzeburg* wurde am 27. Juni 1903 durch eine Kleinbahn angebunden, die einige Jahre später auch das östliche Umland bediente. Ab 1908 fuhr sie über Dermin nach Klein Thurow, zwei Jahre später konnte ab Dermin der Schaalsee-Kanalhafen angeschlossen werden. Wegen der Insellage der Stadt mußte durch den Küchensee ein Damm geschüttet werden, der den heutigen Kleinen Küchensee abtrennte.
Eine Bahn gänzlich anderen Charakters war die *Kleinbahn Altrahlstedt-Volksdorf-Wohldorf,* die als elektrische Kleinbahn ab 1. Oktober 1904 eröffnet und ab 9. Mai 1907 bis Wohldorf verlängert wurde. Hier spielte die größte Rolle der Personenverkehr, der mit straßenbahnähnlichen Triebwagen und Doppelstockbeiwagen bewältigt wurde.
Die letzte meterspurige Neuanlage in Schleswig-Holstein - sieht man von Erweiterungen bestehender Bahnen ab - ist die *Kreisbahn Norderdithmarschen.* Sie führte ab Heide sowohl über eine Nord- wie Südstrecke nach Pahlhude und wurde im Jahre 1905 eröffnet. Trotz der Möglichkeit eines Durchgangsverkehrs Heide-Südring-Pahlhude-Nordring-Heide bzw. umgekehrt wurde von dieser Möglichkeit kein Gebrauch gemacht, alle Züge endeten bzw. begannen in Pahlhude. Außer an Markttagen war der Verkehr sehr schwach.

Bahnen für Blumen und Schießpulver

Die Vier- und Marschlande, Hamburgs »Gemüsegarten«, wurden ab 1906 nacheinander durch drei Bahnbauten erschlossen. Diente die zuerst eröffnete Strecke *Bergedorf-Geesthacht* mit der einer anderen Unternehmung gehörenden Weiterführung nach Krümmel vor allem als Verbindung zu den um Geesthacht liegenden Pulverfabriken, deretwegen sie zeitweilig zweigleisig ausgebaut war, so sollte die nach Zollenspieker von Bergedorf ausgehende Strecke den Transport von Blumen, Obst und Gemüse erleichtern. Die erst ab

Dampflok 9 der Rendsburger Kreisbahn auf der Drehbrücke über den Nord-Ostsee-Kanal

1921 eröffnete *Marschbahn Geesthacht-Zollenspieker-Moorfleet* wurde als Notstandsarbeit von den Arbeitern gebaut, die in den Pulverfabriken arbeitslos geworden waren. Sie diente ebenfalls rein landwirtschaftlichen Zwecken.
Ende 1907 wurde östlich Hamburgs eine weitere rein als Erschließungsbahn gedachte Strecke in Betrieb genommen, die *Südstormarnsche Kreisbahn*. Sie benutzte in Hamburg einige Kilometer der Billwerder Industriebahn, ab Billstedt bis Trittau hatte sie ihre eigene Strecke. Obwohl sie zur landwirtschaftlichen Aufschließung gedacht war, überwog viele Jahre der Personenverkehr.
Kleinbahn Kirchbarkau-Preetz-Lütjenburg war der Name einer Ge-

sellschaft, die ab 1910 eine diese Orte verbindende Strecke betrieb. Sie diente vor allem der Landwirtschaft, den großen Gütern des östlichen Kreises Plön.
In Kirchbarkau hatte die vorgenannte Bahn einen Gemeinschaftsbahnhof mit der 1911 eröffneten *Kiel-Segeberger Eisenbahn,* die ebenfalls eine rein landwirtschaftlich genutzte Gegend durchfuhr.
Die für lange Jahre letzte neue Kleinbahngesellschaft in Schleswig-Holstein war die *Lübeck-Segeberger Eisenbahn,* die ihre Strecke 1916 eröffnen konnte. Die LBE war maßgeblich am Bau und Betrieb der in sehr einfacher Bauart erstellten Bahn beteiligt. Eine die Bahn stark hemmende Konzessionsbedingung war, daß sie nur Binnenverkehr ausführen durfte, kein Gut über Lübeck oder Segeberg hinaus!
Mit den drei um Kiel liegenden Güterbahnen, die ab 1911 durch getrennte Gesellschaften erbaut wurden, war das Netz der Kleinbahnen in Schleswig-Holstein auf gut 1250 Kilometer angewachsen. Dazu kommen noch die Strecken der ELE und der LBE als private Haupt- und Nebenbahnen, so daß vor dem Ersten Weltkrieg etwa 1450 Kilometer nichtstaatlich betriebener Eisenbahnstrecken vorhanden waren. Ihnen standen etwa 1335 Kilometer Staatsbahnstrecken gegenüber. Dieses Übergewicht der Privatbahnen nach Ende der Verstaatlichungen wurde in den anderen Provinzen Preußens nicht erreicht, lediglich Pommern kommt ihm nahe. Die Provinzen Pommern und Schleswig-Holstein besaßen auch das dichteste Kleinbahnnetz im Verhältnis zur Fläche bzw. Einwohnerzahl der Provinzen, ein Kennzeichen für allgemein verkehrsarme Gebiete.

Was so auf den Schienen rollte

Die Betriebsmittel der Kleinbahnen waren überaus vielfältig. Bei den verschiedenen Gesellschaften gab es kaum gleiche Typen. Unterschieden sich die Fahrzeuge der Schmalspurbahnen schon durch die Spurweite - wie meist auch durch sehr leichte Ausführung - von denen der Normalspurbahnen, so gab es auch sonst wenig Gemeinsames.
Die Lokomotiven waren meist zwei- oder dreifach gekuppelte

1907 wurde die Elmshorn-Barmstedt-Oldesloer Eisenbahn verlängert. Der Bahnhof Sülfeld präsentierte sich am 9. Oktober 1972 trotz des modernen Schienenbusses VT 3.12 fast unverändert

Tenderlokomotiven; unter den normalspurigen Dreikupplern erlangte die Bauart T 3 der KPEV auch bei Privatbahnen eine gewisse Verbreitung. Der Wagenpark der Schmalspurbahnen setzte sich aus zwei- und vierachsigen Personenwagen wie Güterwagen zusammen, die Normalspurbahnen besaßen fast nur Zweiachser und einige Dreiachspersonenwagen, üblicherweise, auch bei Schmalspur, als Durchgangs-

wagen gebaut. Die meisten der Normalspurgüterwagen waren zweiachsig. Als Ausnahme muß die LBE genannt werden: Ihre Lokomotiven waren – ähnlich den Bauarten der KPEV – wesentlich größer, die hier, wie bei der Staatsbahn, eingesetzten Abteilwagen gab es in drei- und vierachsiger Bauform. Für die auf ihren Strecken verkehrenden Schnellzüge hatte die LBE sogar D-Zug-Wagen in Betrieb genommen, ein Kriterium für die Bedeutung dieser Bahn.
Dagegen gab es auf den meisten Kleinbahnen für Güter- und Personenverkehr lediglich gemischte Züge, die auf vielen Strecken nur drei- bis viermal täglich verkehrten. Erst als die Benutzung durch Reisende zunahm, wurden nach und nach die beiden Verkehrsarten bei vielen Bahnen getrennt. Bei den Kleinbahnen dieser Zeit überwogen die nichtmateriellen Vorteile: Der Landbevölkerung war es jetzt möglich, relativ preisgünstig an Veranstaltungen in den Kreisstädten teilzunehmen oder eine höhere Schule zu besuchen, und ganz allgemein beeinflußte der durch die Kleinbahnen möglich gewordene rege Meinungsaustausch das kulturelle wie geistige Leben außerordentlich positiv.

Diese Handhebeldraisine für Arbeitertransporte (Modell 47) brachte die Bahnarbeiter zur jeweiligen Arbeitsstelle. Sie wurde durch abwechselndes Niederdrücken des Balkenhebels in Bewegung gesetzt (linkes Bild). Mit der viersitzigen Inspektions-Fahrraddraisine (Modell 10 B) ließ sich der Bahnmeister zur Überprüfung des ihm anvertrauten Streckenabschnittes durch einen Bediensteten fahren

Große Bahnhöfe, große Brücken, große Pläne

Die Hauptbahnen hatten, sowohl durch Nebenstrecken wie auch das sich rasch vergrößernde Kleinbahnnetz, nach 1890 eine starke Zunahme im Personen- wie im Güterverkehr. Zum einen ist das sicherlich auf die schnell ansteigende Bevölkerungszahl zurückzuführen, von den etwa 880000 Einwohnern um 1845 stieg die Zahl auf etwa 1,2 Millionen um 1890, nur zwanzig Jahre später gab es über 1,6 Millionen Einwohner in Schleswig-Holstein, nicht gerechnet die noch hinzuzuzählenden Bewohner des Fürstbistums Oldenburg (Eutin) sowie Lübecks und Hamburgs, die ja auch in großem Maße die Bahnen benutzten.

Namentlich in den Städten war inzwischen ein Reisebedürfnis entstanden, das nicht mehr wie vorher auf dem »Muß« fußte: Vergnügungs- oder Erholungsreisen, mit denen sich auch der vornehmlich sonntags stattfindende Ausflugsverkehr entwickelte, wurden häufiger. Allenthalben wurde verreist, besonders das Dienstleistungsgewerbe im Bahnhofsbereich erfuhr einen ungeahnten Aufschwung. Viele Reisende führten eine Menge Gepäck mit sich, und so gab es bald selbst auf kleinen Unterwegsstationen den Gepäckträger oder den Dienstmann, auf den etwas größeren Bahnhöfen kamen Zeitungen und Erfrischungen oder auch heiße Würstchen an den Zug, nicht nur an Schnell- und Eilzüge, häufig auch an Personenzüge.

Diesem Verkehrsaufschwung konnten die zwar großzügig geplanten, sich nunmehr aber als zu klein erweisenden Anlagen der Bahnhöfe – vor allem in den Großstädten – nicht mehr genügen. Außerdem sorgte ein starker Güterverkehr dafür, daß bald auch die Rangierbahnhöfe aus allen Nähten platzten.

Daneben zeigten sich mit dem Aufkommen des Fernreiseverkehrs immer deutlicher die betrieblichen Nachteile der Kopfbahnhöfe. So versuchte man bei den ab jetzt einsetzenden Vergrößerungen durch Umgestaltung möglichst Durchgangsbahnhöfe zu schaffen, wie man auch innerhalb der Städte bestrebt war, zwei Verkehrsebenen zu schaffen, da durch die vielen Zugpassagen die Schranken über die Straßen immer häufiger geschlossen waren.

Die großen Städte bauen um

Besonders ungünstige Bahnanlagen hatte das wegen seiner Hauptdurchgangsfunktion nach Schleswig-Holstein an exponierter Stelle gelegene Hamburg. Schon bald nach 1890 begann man mit Überlegungen zu Verkehrsverbesserungen. Bisher waren der Lübecker, der Berliner und der Hannoversche Bahnhof »Sackbahnhöfe«, wie Kopfbahnhöfe damals genannt wurden. Zwar hatte man in die beiden letzteren Bahnhöfe von Altona her über die Verbindungsbahn Durchgangszüge fahren lassen, doch lagen die Gleise teils in öffentlichen Straßen, so daß diese Überführungen nur mit Zeitverlusten und betrieblich erschwert durchgeführt werden konnten, da den Zügen stets ein Eisenbahner mit Flagge und Warnglocke vorangehen mußte.

Noch während der Hamburger Durchgangsbahnhof geplant wurde, baute man den Altonaer Hauptbahnhof wie auch Kiel-Hauptbahnhof stark aus: Unter geringfügiger Zurücknahme der Strecken kamen sie an ihren heutigen Standort. Der Altonaer Bahnhof wurde zum Teil 1895, voll 1898 in Betrieb genommen. Der neue Kieler Hauptbahnhof war zur Hälfte 1899/1900 betriebsfertig, erst 1911 aber vollständig verfügbar.

An der Westküste hatte der veränderte Verkehr ebenfalls den Umbau des Bahnhofes in Husum notwendig gemacht, der seine heutige Hochlage erhielt. Bei dieser Gelegenheit nahm man zugleich eine andere Streckenführung der ehemaligen von Flensburg-Husum nach Tönning führenden Bahn vor: Die von Osten einlaufende Strecke wurde nicht mehr als Durchgangsstrecke durch den Bahnhof geführt, die Tönninger Strecke zweigte ab 1902 von der Strecke Husum-Heide etwa vier Kilometer südlich Husums ab.

Der große Hamburger Komplex mit der höher gelegten, viergleisig ausgebauten Verbindungsbahn und den neuen an dieser Strecke ge-

Lok 2 der Elmshorn-Barmstedt-Oldesloer Eisenbahn war der Bauart nach eine Lok der Gattung T 3 der KPEV. Am 9. März 1958 brachte sie einen Sonderzug mit Eisenbahnfreunden in zwei alten Nebenbahn-Durchgangswagen nach Kaltenkirchen

legenen Hallenbahnhöfen war nebst dem Hamburger Hauptbahnhof nach und nach fertiggestellt worden und in Betrieb gegangen. Der Hauptbahnhof selbst wurde am 5. Juni 1906 dem Verkehr übergeben, wenn es auch noch einige Zeit dauerte, bis hier alles reibungslos funktionierte.

In Lübeck wurde es ebenfalls auf den Gleisen zu eng, der alte Bahnhof am Holstentor mußte seine Aufgaben an den auf den Rethteichwiesen nahe St. Lorenz am 1. Mai 1908 eröffneten neuen Hauptbahnhof abgeben.

Bei allen Bahnhofserweiterungen waren gleichzeitig wesentlich vergrößerte Rangier- und Güterbahnhöfe mitgebaut worden, nördlich

Altonas der Abstellbahnhof Langenfelde und der Rangierbahnhof Eidelstedt, in Lübeck wurde der Rangierbahnhof Genin durch den Verschiebebahnhof Moisling ersetzt. Noch stellte die Eisenbahn als Landtransportmittel für größere Gütermengen die einzige Alternative zum Fuhrwerk dar.

Kanäle machen Brücken notwendig

Doch nicht nur Eisenbahnen wurden in dieser vorwärtsstrebenden Zeit gebaut, auch Kanalbauten machten von sich reden. Der Elbe-Lübeck-Kanal war ausgebaut worden und war nunmehr für größere Tonnage schiffbar. Viel größere Bedeutung erlangte das Projekt eines Nord-Ostsee-Kanals. Der damals natürlich Kaiser-Wilhelm-Kanal getaufte Schiffahrtsweg wurde 1886 bis 1895 geschaffen. Der gewaltige Bau machte es notwendig, die vorher vorhandenen Eisenbahnstrecken durch Brücken über den Kanal zu führen. In der heute noch bestehenden Form wurde 1892 die Grünentaler Hochbrücke der Strecke Heide–Neumünster als kombinierte Eisenbahn-Straßenbrücke eröffnet, das Gleis liegt inmitten der Straßenfahrbahn. 1894 ging die ebenfalls kombinierte Brücke in Levensau, zwischen Kiel und Neuwittenbek, in Betrieb, Bahn und Straße haben hier getrennten Verlauf. Die in der jeweiligen Gegend vorhandenen Höhenzüge wurden möglichst genutzt und machten Verschwenkungen der ursprünglichen Eisenbahntrassen notwendig. Die beiden übrigen Schienenwege, Itzehoe–St. Michaelisdonn und Neumünster–Rendsburg überquerten den Kanal auf Drehbrücken.
Der sprunghafte Anstieg des Schiffsverkehrs und die wachsende Größe der Schiffe erforderten einen von 1908 bis 1914 dauernden Ausbau des Kanals. Hierbei wurden die hinderlichen Drehbrücken durch feste Bauwerke ersetzt. In Rendsburg ergaben sich besondere Umstände: Die Eisenbahn mußte in einer Schleife um die Stadt gebaut werden, da der Kanal nicht weit südlich des Bahnhofes überquert werden mußte und der Bahnhof selbst nicht so hoch gelegt werden konnte. Die Rendsburger Brücke (sie hat wie die anderen Kanalbrücken zweiundvierzig Meter Durchfahrtshöhe für Schiffe) ist mit

1898 wurde der »neue« Bahnhof Altona statt des alten in Betrieb genommen, doch rund 80 Jahre später ist dieser Bau ebenfalls wieder Geschichte

2486 Metern die längste deutsche Eisenbahnbrücke, Bahnreisende sind immer wieder über den gewaltigen Bau erstaunt. 1913 wurde die Brücke eingeweiht, zum Übersetzen von Fußgängern und Fahrzeugen »hängte« man unter die Schienenfahrbahn noch eine Schwebefähre. Südlich des Kanals mußte die Bahnstrecke mit einem nach und nach flacher werdenden Damm, auf dem auch noch der Abzweigbahnhof Osterrönfeld liegt, an die alte Trasse herangeführt werden. Durch den Brückenbau mit der Schleife vergrößerte sich die Bahnlänge gegenüber der ursprünglichen Trasse um etwa viereinhalb Kilometer.

Auch die zweite Kanalbrücke ist nicht weniger imposant. Um sich wenigstens auf einer Seite große Rampenbauten zu ersparen, wurde

ab St. Michaelisdonn eine völlige Neutrassierung vorgenommen, welche die Ausläufer eines dortigen Höhenzuges ausnutzen konnte. Die Bahn biegt daher sehr scharf in nordwestliche Richtung ab, um bei Hochdonn den Kanal zu überqueren. Auf einem langen Damm führt sie, sich langsam südlich wendend, nach Wilster und mündet dort in die alte Trasse ein. Dieser in leichter Kurve liegende Brückenbau hat eine Länge von 2218 Metern, Fertigstellung und Einweihung konnten wegen des Ersten Weltkrieges erst 1920 erfolgen. Die alte Drehbrückenstrecke zwischen Eddelak westlich und St. Margarethen östlich des Kaiser-Wilhelm-Kanals wurde aufgegeben. Um aber vom westlichen Kanalufer ebenfalls eine günstige Verbindung nach Norden zu schaffen, wurde von *Brunsbüttelkoog-Nord* über *Eddelak,* unter Benutzung der alten Hauptstrecke nach St. Michaelisdonn, noch 1920 eine Nebenbahn eröffnet. Die auf Kartenwerken etwas seltsam erscheinende gewundene Führung der Strecke Elmshorn–Itzehoe–Heide erklärt sich aus dem stückweisen Bahnbau und der fünfeinhalb Kilometer längeren neuen Trasse mit der Kanalbrücke.
Weitere bedeutende schleswig-holsteinische Brückenbauten sind u. a. die Schleibrücke Lindaunis, eine kombinierte Eisenbahn–Straßen-Klappbrücke von 1924, die als Vorgänger an derselben Stelle eine Drehbrücke hatte. Auch die große Eiderbrücke zwischen Heide und Husum sowie die zwischen Ratzeburg und Bad Oldesloe gelegene, nun aber gleislose Brücke über den Elbe-Lübeck-Kanal sind erwähnenswert.

Gleichstrom und Fähren

In die Zeit kurz nach der Jahrhundertwende fällt eine andere bedeutende Einrichtung, die Elektrifizierung der Stadt- und Vorortsbahn *Blankenese–Ohlsdorf.* Die KPEV wählte das Stromsystem 6 kV 25 Hz Wechselstrom mit einpoliger Oberleitung, ab 1906 kamen die ersten elektrischen Triebwagen zum Einsatz. Es war vorgesehen, auch die Strecke Altona–Kiel mit diesem System zu »elektrisieren«, wie man damals sagte, doch die Militärbehörde erhob Einspruch, da in Kiel die Reichsflotte beheimatet war. Man fürchtete, daß der Betrieb dieser

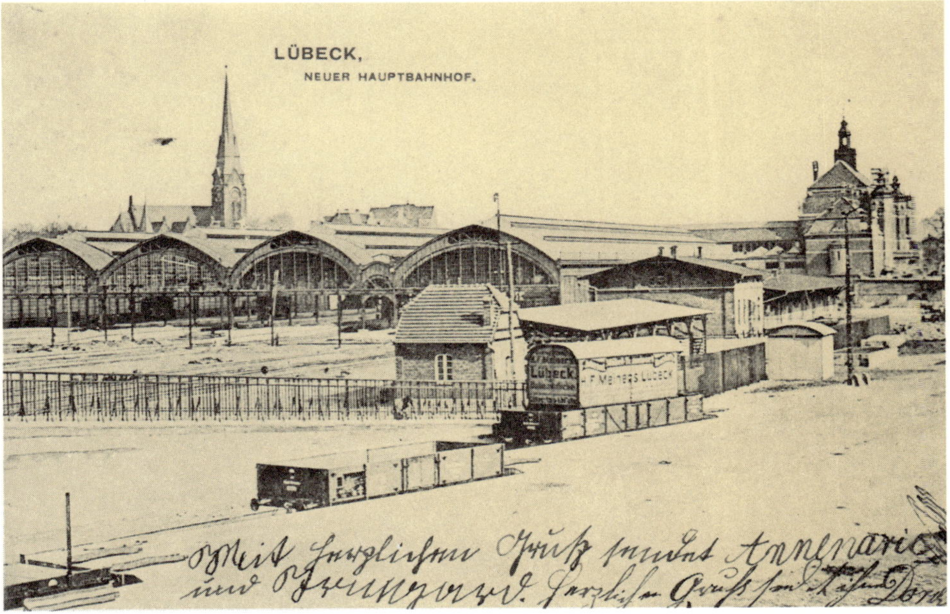

Annemarie und Irmgard scheinen vom neuen Lübecker Hauptbahnhof beeindruckt zu sein, da sie dieses Motiv für ihren Kartengruß wählten

strategisch wichtigen Strecke von Feindesseite im Kriegsfall zu schnell zum Erliegen gebracht werden könnte und hielt den elektrischen Betrieb außerdem für nicht zuverlässig. So zerschlug sich dieses Projekt ebenso wie das einer neuen schnellen Eisenbahnverbindung nach Kopenhagen und weiter nördlich.

Bisher gab es ab Altona-Hamburg nur den langen Weg über Flensburg-Kolding-Korsør, über Kiel mit langer Fährfahrt nach Korsør, über Warnemünde mit Fähre nach Gedser. Alle diese Verbindungen hatten eine Länge von 425 bis 520 Kilometern, während das nunmehr geplante »Fehmarnbahnprojekt«, wie man es nannte, eine Streckenführung vorsah, wie sie in etwa heute mit der »Vogelfluglinie« in Be-

13 Millionen Mark kostete die 1913 eingeweihte Hochbrücke über den Kaiser-Wilhelm-Kanal bei Rendsburg, auf der sich hier – noch zu Preußens Zeiten – zwei Züge begegnen

trieb ist. Die neue Strecke konnte etwa 325 Kilometer lang sein, und da nur eine kurze Fährfahrt notwendig war, berechnete man eine Reisezeit von etwa fünf Stunden von Hamburg nach Kopenhagen. Der Ausbruch des Ersten Weltkrieges brachte das Projekt zu Fall. Für ein letztes großes Vorhaben konnten die ersten Mittel von Preußen jedoch bereitgestellt werden: die Bahnstrecke *Niebüll-Westerland* mit einem geplanten Damm durch das Wattenmeer zur Insel Sylt. Mit genauen Untersuchungen stellte man die günstigste Führung des Dammes fest: Er wurde an der Stelle durch das Wattenmeer geführt, wo sich die nördlich wie südlich um Sylt herumführenden Flutwellen in etwa trafen, um möglichst schädliche Strömungen auszuschließen. Hauptgrund für den Bau sollte die Verbesserung des Bäderverkehrs sein, doch hat sich Preußen gewiß auch aus einem anderen Grund dafür entschieden: Der Staat konnte aus Erfahrung mit neuem Land rechnen, das ihm durch anschwemmendes Material zufiel und Wertzuwachs brachte; eine Vermutung, die sich bestätigt hat. Über strategische Gründe ist nichts bekannt geworden, sie werden die Entscheidung aber sicherlich mit beeinflußt haben.

Kriegsfolgen nach dem Ersten Weltkrieg

Mitten hinein in diese ehrgeizigen Pläne platzte der Erste Weltkrieg, der die Entwicklung für Jahre zum Stillstand brachte. Die Eisenbahnen hatten große Transportleistungen zu erbringen. Zunächst fuhren wegen der drohenden Kriegsgefahr schlagartig alle Urlauber auf einmal nach Hause, dann wurde die Mobilmachung ausgerufen, und das pausenlose Rollen der Züge an die Fronten begann.

Die Kriegsfolgen waren bedrückend. Die Zerstörungen im Inland hielten sich zwar in Grenzen, weil der Krieg vor allem im Ausland geführt wurde, doch waren viele Soldaten auf den Kriegsschauplätzen gefallen. Dazu kamen mit dem Ende des Krieges 1918 die Abgaben an den »Feindbund«.

Die Reparationsleistungen allein an Eisenbahnmaterial machten rund ein Viertel der Lokomotiven, ein Sechstel der Personenwagen und sogar ein Drittel des Güterwagenbestandes aus. Das übriggebliebene Rollmaterial war häufig in schlechtem Zustand, so daß vielfach nur ein eingeschränkter Verkehr möglich war.

Das Bild des in dieser Epoche von 1890 bis 1920 eingesetzten Staatsbahnfahrzeugparks änderte sich vollständig. Überwogen anfangs die vielen verschiedenen Fahrzeuge der übernommenen Bahnen, so führte die KPEV bald auch in Schleswig-Holstein ihr nach den Normalien erstelltes Rollmaterial ein. Für die relativ ebenen Strecken Schleswig-Holsteins genügten im allgemeinen die leichteren Personenzuglokomotiven der Gattungen P 3 und P 4, Schnellzuglokomotiven fuhren in nur wenigen Verbindungen. Später wurde die bewährte P 8 für viele Dienste herangezogen, für einige Schnellzugläufe S 3, später S 10^1. Im Güterzugdienst waren, wie überall in Preußen, G 3, G 4 und G 5 verschiedener Unterbauarten im Einsatz, nach und nach folgten G 7 und G 10 sowie G 8^2. Unter den Tenderlokomotiven waren besonders T 3, T 9, T 11, T 12 sowie T 16, T 16^1 und T 18, auch einige T 13 zu finden.
Das Wagenmaterial der wenigen Schnellzüge bestand zumeist aus Oberlichtdach-Schnellzug-Vierachsern, Eil- und Personenzüge bestanden aus den viele Jahre lang eingesetzten drei- und vierachsigen Abteilwagen, im Verkehr der nicht so stark besiedelten Gebiete sowie auf Nebenstrecken kamen häufig die zwei- und dreiachsigen Nebenbahn-Personenwagen der KPEV in Einsatz.
Der Güterwagenpark wurde ebenfalls vereinheitlicht, es wurden immer mehr die nach einheitlichen Entwürfen gebauten »Verbandsgüterwagen« eingesetzt, weitaus die größten Gruppen stellten zweiachsige offene bzw. Flachdachgüterwagen dar.

Der Weg vom Bahnsteigkartengeber zum die Karte entwertenden Beamten ist nur einen halben Meter weit. Um 1910 war der Handselbstdrucker der Deutschen Post- und Eisenbahn-Verkehrswesen-A.-G. ein großer Schritt zur Rationalisierung

Bahnsteig-
Karten.

Die Reichsbahnzeit

Mit der am 1. April 1920 gegründeten Deutschen Reichsbahn, DR, vollzog sich ein neuer Abschnitt in der Geschichte des schleswigholsteinischen Eisenbahnwesens, wenn auch in den ersten fünf Jahren äußerlich kaum etwas davon zu bemerken war. Die KPEV, wie auch die übrigen deutschen Länderbahnen, hörten hiermit auf zu bestehen, da deren Eisenbahnstrecken Eigentum des Deutschen Reiches wurden. Als herausragendes Ereignis fällt die Eröffnung der Brücke über den Kaiser-Wilhelm-Kanal bei Hochdonn schon in die Reichsbahnzeit, weiter bedeutsam für den Start der DR war die durch Abstimmung entschiedene Abtretung des nordschleswigschen Gebietes an Dänemark. Die hier liegenden Strecken wurden der Oberaufsicht der Reichsbahn am 15. Juni 1920 entzogen, außerdem kamen die vier nordschleswigschen Privatbahnen zu Dänemark. Die ehemalige Grenzlinie an der Königsau war somit hinfällig, die neue Grenze verläuft etwas südlich von Tønder und Padborg in ziemlich genau west-östlicher Richtung. Durch die neue Grenzführung war die kürzeste Verbindung zur Insel Sylt von Hoyer Schleuse nach Munkmarsch in dänische Hand gekommen, so daß der Eisenbahnbau über den Wattendamm nach Sylt beschleunigt wurde.

Die Anschlußstrecke *Niebüll–Klanxbüll* (als letztem Festlandsort) wurde Ende 1922 in Betrieb genommen, am 1. Juni 1927 konnte Reichspräsident von Hindenburg den nach ihm benannten Damm mit der Bahnstrecke bis Westerland eröffnen. Bald darauf wurde der Betrieb der Inselbahn Sylt zwischen Munkmarsch und Westerland wegen nicht mehr zu erwartenden Verkehrsaufkommens eingestellt und die Strecke abgebaut.

Ehe es dazu kam, hatte sich Anfang der zwanziger Jahre eine besonders für Privatbahnen schwere Zeit abgespielt: Die Inflation entwertete das Geld immer schneller. Die Kleinbahnen hatten in der Kriegszeit schon keine Bahnunterhaltung durchführen und auch den Fahrzeugpark nur ausnahmsweise ergänzen können. Dazu kam ab 1921 eine

Über den Hindenburgdamm fährt hier um 1930 die bewährte preußische Personenzuglokomotive der Gattung P 8. Sie hat bei der DR die Nummer 38 1763 bekommen und war in Husum stationiert

ungewöhnliche Kohlenknappheit, die bei vielen Bahnen zu rigorosen Betriebseinschränkungen führte, manche verkehrten nur noch werktags und mit nur zwei Zugpaaren, um überhaupt eine Verbindung mit anderen Orten herzustellen. Trotz der Misere wurden jedoch keine Strecken stillgelegt, da es noch kein die Bahnen ersetzendes Verkehrsmittel gab. Als Ausnahme wurde 1923/1925 der Abschnitt Altrahlstedt–Volksdorf–Ohlstedt wegen geringen Personenverkehrs eingestellt, der Güterverkehr blieb bestehen. Grund war die Aufnahme des Betriebes auf der Walddörferbahn der Hamburger Hochbahn.

Neue Wagen ...

Die schlechte Zeit war Ende 1923 mit Schaffung der Rentenmark vorbei, so daß manche Bahnverwaltung nach Mitteln und Wegen suchte, ihren Betrieb zu modernisieren und billiger als vorher zu betreiben. Eine in Seddin nahe Berlin im Jahre 1924 durchgeführte Ausstellung von Eisenbahnfahrzeugen brachte erstmalig eine größere Anzahl eines damals neuartigen Eisenbahnfahrzeugtyps, den Motorwagen (Triebwagen), eine Betriebsart, die um diese Zeit zuverlässig genug schien, in verkehrsschwachen Zeiten die relativ teuer verkehrenden Dampfzüge zu ersetzen oder Fahrplanlücken auszufüllen. In den folgenden Jahren stellten viele schleswig-holsteinische Kleinbahnen Triebwagen in Dienst, wobei es zu einer Anzahl unterschiedlicher Bauarten kam. Der Antrieb der Wagen erfolgte mit Benzol oder Benzin, der Dieselmotor war bauartbedingt noch zu schwer, er konnte sich erst später durchsetzen. Neben dem allgemein billigeren Betrieb konnten die Triebwagen in manchen Fällen kürzere Fahrzeiten ermöglichen und dadurch die Attraktivität der Bahnen steigern.

... neue Strecken

Mit dem beginnenden wirtschaftlichen Aufschwung kam der Reiseverkehr wieder in Gang. Besonders die Ostküste der Lübecker Bucht erlebte einen Anstieg des Verkehrs und machte eine Bahnverbindung der an dieser Strecke gelegenen Orte erwünscht. Nicht zuletzt im Hinblick auf einen besseren Anschluß Ostholsteins – und vielleicht noch eingedenk des schwebenden »Fehmarnbahnprojektes« – begann die Deutsche Reichsbahn die Strecke *Bad Schwartau–Neustadt* zu bauen. Es ist erwähnenswert, daß Lübeck zu dieser Zeit fast noch vollständig Privatbahnstation war. Zwar gab es die staatliche mecklenburgische Friedrich-Franz-Eisenbahn mit ihrer von Bad Kleinen nach Lübeck führenden Strecke (sie wurde 1920 von der DR übernommen), doch Lübecks Hauptverkehrsbeziehungen nach Hamburg, Büchen und in Richtung Eutin waren immer noch privat.
Das änderte sich auch nicht mit der 1925 bis 1928 in mehreren Teilen

eröffneten »Bäderbahn« Bad Schwartau–Neustadt, deren Bau schon 1912 von der KPEV beschlossen, wegen der Kriegsereignisse jedoch nicht ausgeführt worden war.
Die immer größer werdende Bedeutung Kiels führte zu den Neubauten eines Güterbahnhofes Kiel-West und eines südlich der Stadt bei Meimersdorf gelegenen großen Rangierbahnhofes. Die Anlagen wurden 1924/1925 dem Betrieb übergeben.
Auch im Landesteil Schleswig gab es Veränderungen. Mit der Aufnahme des Eisenbahnbetriebes auf der Strecke *Husum–Löwenstedt–Flensburg-Weiche* am 2. November 1926 und einer *Zweigbahn Bredstedt–Löwenstedt* am 15. Mai 1928 wurde in diesem dünnbesiedelten Heide- und Moorgebiet versucht, die Infrastruktur zu verbessern. Die Trasse der Husum-Flensburger Strecke entsprach fast der ersten Nivellierung einer Eisenbahn in Schleswig, die diese Verbindung vorgesehen hatte; die dann 1854 tatsächlich eröffnete, weiter östliche Trasse war ja durch den englischen Einfluß entstanden. Ein nennenswerter Verkehr allerdings hat sich auf den beiden neuen Strecken nicht abgespielt.
Im Flensburger Bereich wurden um diese Zeit ebenfalls große Umgestaltungen vorgenommen. Bis 1927 endeten von Kiel–Eckernförde kommende Züge im »Kieler Bahnhof« am Ostufer der Flensburger Förde, die von Schleswig und Niebüll kommenden fuhren über Flensburg-Weiche bis in den »Schleswiger Bahnhof« an der Südspitze der Flensburger Förde; beide Kopfbahnhöfe waren durch Übergabegleise verbunden. Von und nach Dänemark fahrende Züge berührten häufig nur Flensburg-Weiche. Am 1. Dezember 1927 war ein vollständiger Umbau der Anlagen abgeschlossen, in Flensburg wurde der Hauptbahnhof, als Durchgangsbahnhof am Südende der Stadt liegend, in Betrieb genommen. Er war durch eine Schleifenverbindung so angeschlossen worden, daß nun die nach und von Dänemark verkehrenden Reisezüge den Bahnhof mitbedienen konnten. Für Güterzüge wurde die alte Strecke weiterbenutzt, der Rangierbahnhof wurde als neuer Grenzbahnhof wesentlich erweitert. Die von Kiel nach Flensburg führende Strecke wurde mit einem großen Einschnitt in den neuen Hauptbahnhof geführt, die alte von Norden an das Ostufer der Förde führende Strecke aufgegeben.

Das Klassensystem ändert sich

Bis 1928 führten Reisezüge bis zu vier verschiedene Klassen, Schnellzüge meist die 1. bis 3. Klasse, Personenzüge 1. bis 4. Klasse oder auch nur 2. bis 4. Klasse, die meisten Kleinbahnen nur 2. und 3. Klasse. Das Verhältnis der Benutzerfrequenz in den einzelnen Klassen war 1910 etwa so: 1. Klasse etwa 1 Prozent, 2. Klasse 14 Prozent, 3. Klasse 75 Prozent, 4. Klasse 15 Prozent.

In den Jahren nach Schaffung der Rentenmark hatte sich das Verhältnis etwa so dargestellt: 1. Klasse unter 1 Prozent, 2. Klasse 10 Prozent, 3. Klasse 55 Prozent, 4. Klasse 35 Prozent, also eine Abwanderung in die unteren Klassen.

Die Wagenklassen unterschieden sich etwa wie folgt: Die 1. Klasse hatte Weichpolster mit nur zwei oder drei Plätzen nebeneinander, die 2. Klasse besaß Hartpolster mit drei oder vier Plätzen nebeneinander, die 3. Klasse hatte der Körperform angepaßte Lattenbänke mit vier oder fünf Plätzen nebeneinander, die jeweils höhere Platzzahl gilt für Abteilwagen. Die Einrichtung der 4. Klasse bestand zumeist aus an den Wänden entlang befestigten einfachen geraden Holzbrettern, so daß viel Stehplatzraum blieb. Die Klassen unterschieden sich vor allem auch durch die größere Abteiltiefe, die Dritter-Klasse-Reisenden mußten sich oft bei anderthalb Metern gegenübersitzen, während die Erste-Klasse-Reisenden bis zu 2,30 Meter Platz hatten.

Die Abwanderung in vor allem die unterste Klasse hatte einen Mangel an Vierter-Klasse-Wagen zur Folge und außerdem nicht unterzubewertende Einnahmeverluste der Bahnen. So schaffte man kurzerhand die 4. Klasse wieder ab. Die Wagen mit der einfachen Längsbankeinrichtung wurden zu Wagen 3. Klasse mit Traglastenabteil umfunktioniert, indem man sie einfach mit Dritter-Klasse-Schildern ausrüstete, später wurden jedoch vermehrt zusätzlich Holzbänke eingebaut. Fortan gab es in den Schnellzügen meist alle drei Klassen, die Eil- und Personenzüge fuhren allgemein mit nur 2. und 3. Klasse. Im Dreiklassensystem benutzten nur rund sieben Prozent die Polsterklassen, mit etwa 93 Prozent Dritter-Klasse-Reisenden war fast eine Einheitsklasse unter den Eisenbahnbenutzern entstanden.

1927 wurde die Güterstrecke Kronprinzenkoog-Nord-Norderfleth eingestellt. Im Südteil der Köge war durch Weißkohltransporte ein gutes Verkehrsaufkommen gesichert. Daher wurde 1930/1931 die bislang in Kronprinzenkoog Süd endende Güterstrecke bis Neufelderkoog verlängert.

Als für lange Zeit letzter Streckenneubau in Schleswig-Holstein muß die vorzugsweise für den Bäderverkehr am 24. Juni/24. Juli 1932 eröffnete Verlängerung der Eisenbahnstrecke Husum-Tönning-Garding bis *St. Peter-Ording* genannt werden.

Die einsetzende Weltwirtschaftskrise machte auch vor den Eisenbahnen nicht halt. Die Beförderungsleistungen gingen rapide zurück und damit auch die Einnahmen. Besonders betroffen war der Güterverkehr, der bei mancher Bahn bald nur noch ein Drittel des vorherigen Umfanges hatte. Dazu wurden gleichzeitig die ersten Zeichen einer Bedrohung durch die Kraftwagen-Konkurrenz sichtbar. Hatten sich bis dahin Lastwagen, Autobus und Personenwagen nur zögernd – auch infolge noch vieler technischer Unzulänglichkeiten – entwickeln können, so war um diese Zeit namentlich der Benzinmotor so betriebssicher, daß er begann, der Eisenbahn vor allem in den schwachbesiedelten Gebieten Konkurrenz zu machen. In mancher Verkehrsverbindung war – trotz der bei weitem mit der Bahn nicht vergleichbaren Bequemlichkeit – im Personenverkehr eine Abwanderung auf Autobusse festzustellen, und auch der Lastwagen spielte bereits eine Rolle. Noch unbedeutend war der Privatautoverkehr. Die Privatbahnen waren durch die schlechten Jahre zumeist in ihrer Finanzkraft sehr geschwächt, konnten nicht modernisieren und manchmal nicht einmal laufende Überholungen der Gleisanlagen und Fahrzeuge vornehmen. So kam es zu den ersten Stillegungen derjenigen Strecken, die durch wirtschaftlich schwach entwickelte Gegenden führten und deren Verkehrsaufkommen nicht mehr ausreichte, um zumindest als eisenbahnnotwendig betrachtet werden zu können. Bereits befestigte Straßen ließen den geringen Verkehr mit Omnibus und Lastwagen abwickeln.

Bis 1939 wurden eingestellt: die Inselbahn auf Amrum, wegen mangelnder Betriebssicherheit ab Oktober 1930 durch die Aufsichtsbehörde verfügt; der Abschnitt Flensburg-Satrup-Sörup-Rundhof der Flensburger Kreisbahn ab 1936 wegen geringen Verkehrsaufkommens. Proteste der Anlieger hatten jedoch eine Wiederaufnahme des Verkehrs für kurze Dauer erwirkt, da die hohen Fahrpreise und schlechten Fahrverbindungen der Busunternehmer auf nicht ausgebauten Straßen keine Alternative darstellten. Ab 31. Oktober 1938 war jedoch endgültig Schluß. Ein Werkverkehr von Flensburg zu einer Satruper Fleischwarenfabrik bildete für einige Zeit eine Ausnahme. Auch die Kreisbahn Norderdithmarschen mußte ihren Betrieb aufgeben, in ihrem Einzugsgebiet war kaum noch ein Verkehrsbedürfnis vorhanden.
Aber nicht nur Schmalspurbahnen starben, unter den Normalspurbahnen war die nach Friedrichstadt führende Strecke der Schleswiger Kreisbahn völlig unrentabel geworden, und man gab zunächst den Personenverkehr auf. Am Tod der Kleinbahn Kirchbarkau-Preetz-Lütjenburg, die ebenfalls ein dünnbesiedeltes Gebiet erschloß, waren hauptsächlich der Ausbau einer parallel führenden Straße schuld und die gleichzeitige Aufnahme eines Kraftpostverkehrs; der Güterverkehr war ohnehin nie bedeutend gewesen. Die Ratzeburger Kleinbahn konnte sich ebenfalls nicht mehr halten, auch hier übernahm Straßenkonkurrenz die Beförderung der Personen und Güter. Schließlich wurde 1934 der noch bestehende Güterverkehr der Kleinbahn Altrahlstedt-Volksdorf-Wohldorf eingestellt, als Überbleibsel der Bahn blieb zwischen Ohlstedt und Wohldorf ein Anschluß-Personenverkehr an die in Ohlstedt endende Hochbahn bestehen.
Das 1937 in Kraft tretende Groß-Hamburg-Gesetz wie auch die Auflösung des Fürstbistums Oldenburg (Eutin) hatten auf die Eisenbahngeschichte kaum Einfluß, die beginnende Aufrüstung jedoch ließ bei der Stammstrecke der Bergedorf-Geesthachter Eisenbahn - wie schon im Ersten Weltkrieg - ein zweites Gleis entstehen, da die Munitionsfabriken um Geesthacht mit Vorrang gefördert wurden. Das wurde deutlich auch durch die Errichtung von Schranken an bedeutenderen Überwegen und durch den Bau größerer Stellwerke für diese Strecke.

Mit Schweröl befeuert wurden die Lokomotiven der DB-Baureihe 012, von denen die 012 073 die Kanalbrücke bei Hochdonn mit einem Reisezug am 27. März 1970 überquert

Der Schienenzepp hält den Rekord

War nun die Entwicklung der Kleinbahnen in vielen Fällen nicht sehr rosig, so hatte mit der Gründung der DR eine technische Entwicklung eingesetzt, die lange Jahre erfolgreich sein sollte. Da die vorher bestehenden Eisenbahnen der Länder des Deutschen Reiches jeweils

eigenständige Entwicklungen – vor allem hinsichtlich des Fahrzeugparks – aufwiesen, mußte man, um der Unübersichtlichkeit der Typenvielfalt Herr zu werden, bald mit der Entwicklung einheitlicher Fahrzeugbaumuster für das ganze Reich beginnen. Man schuf typisierte Neuentwicklungen mit vielen gleichartigen Bauteilen, wie es z. B. in Preußen in ähnlicher Form bereits üblich gewesen war, nachdem man sich für neue Konstruktionen statt eines Nachbaues bewährter Lokomotiven und Wagen der Länderbahnen entschieden hatte.
Dazu war notwendig, erst einmal für die geplanten leistungsfähigen Bauarten den Oberbau der Hauptbahnstrecken für einen Achsdruck von zwanzig Tonnen auszubauen, ein Vorhaben, das eine gewaltige Arbeitsleistung voraussetzte und nur nach und nach durchgeführt werden konnte.
In Schleswig-Holstein begann der Ausbau für solchen Achsdruck recht spät, so daß die Maschinen mit zwanzig Tonnen pro Achse nicht eingesetzt werden konnten; schließlich mußten auch Brücken von den bisher zugelassenen sechzehn oder achtzehn Tonnen Achsdruck für die neue Last verstärkt werden. So blieben in Schleswig-Holstein zunächst noch die preußischen Lokomotivbauarten weiterhin im Einsatz, allein Altona–Büchen–Berlin erhielt schon früh den verstärkten Oberbau. Auf dieser Strecke fanden denn auch bis 1938 viele Versuchs- und Schnellfahrten statt, die weltweit beachtet wurden. Im Jahre 1931 fuhr der mit einem Propeller angetriebene »Schienenzeppelin«, wegen seiner an Luftschiffe erinnernden Form so genannt, bei einer Versuchsfahrt hier eine Geschwindigkeit von 230 km/h.
Im nächsten Jahr konnte der Triebwagen »Fliegender Hamburger« seine ersten Probefahrten machen, ab 1933 fuhr er regelmäßig mit 125 km/h Reisegeschwindigkeit von Hamburg nach Berlin und zurück. Dieser Wert wurde bis heute in Deutschland trotz Höchstgeschwindigkeiten bis zu 200 km/h auf solche Entfernungen noch nicht wieder erreicht!
Der Erfolg hatte die Konstruktionen einiger anderer Schnelltriebwagen beflügelt, und noch zwei andere Bauarten erreichten Geschwindigkeiten von über 200 km/h.
Die Dampflokomotiv-Konstrukteure versuchten ihrerseits, es der Triebwagen-Konkurrenz gleichzutun. Man merkte sehr bald, daß die

Der »Fliegende Hamburger« B6 vT 877 a/b der DR im Altonaer »Haupt-bhf.« vor einer seiner planmäßigen Schnellfahrten nach Berlin, 1934

Lokomotiven wegen des Luftwiderstandes eine windschnittige Verkleidung erhalten müßten und probierte diese erst einmal an vorhandenen Maschinen aus. Bald jedoch war eine speziell auf hohe Geschwindigkeit und Leistung ausgelegte Lokomotivbauart entstanden, die Baureihe 05, deren eine, die 05 002, am 11. Mai 1936 mit 200,4 km/h einen neuen, nicht wieder erreichten Dampflok-Geschwindigkeitsrekord in Deutschland aufstellte. Die Lok erhielt wie der »Fliegende Hamburger« einen musealen Ehrenplatz.
Die Eisenbahn besteht aber nicht nur aus Rekord-Triebfahrzeugen. In der Reichsbahnzeit entstanden die bis zur Ablösung durch neue Traktionsarten für Schleswig-Holstein lange typischen, auch für

geringere Achsdrücke konstruierten Lokomotiven: für den Schnellzugdienst die 03, für leichte Personenzüge die 24, für schnelle Güter- wie auch Eilzüge die 41. Fast nur Güterzüge fuhr die 50, neue Tenderloks gab es in Schleswig-Holstein kaum. Einige Triebwagen der vielen »Einheitsbauarten«, die so einheitlich gar nicht waren, liefen ebenso. Für die größeren Unterwegsbahnhöfe wurden zur Beschleunigung der Güterzüge zum Rangieren kleine Diesellokomotiven eigesetzt, so daß der Güterzug die für den jeweiligen Bahnhof bestimmten Wagen nur noch abhängen bzw. von dort wieder mitnehmen mußte – die Verteilung besorgte die Köf (**K**leinlok mit Diesel[**Ö**l]motor und **F**lüssigkeitsgetriebe).

Stahl für den Wagenpark

Der Wagenpark ist gekennzeichnet durch den Übergang von Holz- auf Stahlbauweise. Waren die vorhandenen Wagen bis auf Ausnahmen mit Stahluntergestell und einem, bei den Reisezugwagen meist verblechten, Holzkastenaufbau versehen, so ging man jetzt auf die genietete Ganzstahlbauweise über. Erst nach einigen Jahren wurden Schweißkonstruktionen hergestellt.
Anfangs wurden noch Abteilwagen gebaut, doch ab Mitte der zwanziger Jahre begann der Übergang zu einerseits zweiachsigen Durchgangswagen (»Donnerbüchsen« wegen ihres rumpelnden Fahrgeräusches) sowie andererseits den für Eil- und Schnellzüge vorgesehenen Vierachsern teils mit Mittel-, teils mit Seitengang, gleichzeitig mit der Entwicklung dazu passender Gepäck- und Postwagen. Die Güterwagen wurden ebenfalls weitgehend vereinheitlicht, allerdings ohne eine Spezialisierung für besondere Transporte: Immer noch herrschte der einfache offene oder geschlossene Wagen vor, von denen der letztere inzwischen mit halbrundem Tonnendach ausgeführt wurde. Gegenüber früheren Bauarten wurde jedoch die Tragfähigkeit erhöht.
Fortschritte wurden auch im Signalwesen erzielt. Ein Beispiel ist die Ausrüstung zunächst der bedeutenden Eisenbahnstrecken mit der »Indusi«, der induktiven Zugsicherung, einer auf magnetischer Be-

Auch die Privatbahn machte Werbung . . .

einflussung beruhenden Anlage. Sie bremst beim Überfahren von Halt zeigenden Signalen automatisch den Zug und ist, vervollkommnet, noch heute in Betrieb.

Die LBE rüstet um

Nach und nach hatte diese moderne Reichsbahn auch in Schleswig-Holstein Einzug gehalten, für den Außenstehenden zuerst bemerkbar an dem neuartigen Aussehen der Fahrzeuge.
Eins der bedeutendsten Eisenbahn-Ereignisse für das östliche Schleswig-Holstein in den dreißiger Jahren stellte die Modernisierung der LBE dar. Zwar war die Weltwirtschaftskrise Anfang der dreißiger Jahre auch an dieser Privatbahn nicht spurlos vorbeigegangen, doch bewies sie durch eine ziemlich beispiellose Unternehmenspolitik, welch eine Kraft in dem Unternehmen steckte. Um in der schlechten Zeit durchzuhalten, beschloß man, zunächst die zu zahlenden Dividenden nicht auszuschütten, außerdem wollte man nach Möglichkeiten zur Situationsverbesserung Ausschau halten. Obwohl der Lastwagen bereits eine ernsthafte Konkurrenz darstellte, kam der Güterverkehr ab 1933 wieder in Schwung. Der Personenverkehr, hauptsächlich auf dem Hamburg-Ahrensburger Abschnitt an die Hamburger Hochbahn verlorengegangen, war jedoch noch schwach. Durch vielerlei Vergünstigungen versuchte die LBE, vergeblich, den Personenverkehr zurückzuerlangen.
Als für eine Privatbahn vorbildliche Modernisierung konnten in den Jahren ab 1935 bis 1937 durch intensiven Einsatz der LBE eine ganze Menge neuer Fahrzeuge und Techniken eingeführt werden: Drei Stromlinien-Tenderlokomotiven, acht Doppelstockwagen mit Führerstand für Wendezugbetrieb mit den Stromlinien-Lokomotiven, eine als Betriebsart ganz neue Technik, da Züge bisher immer nur von einer an der Spitze laufenden Lokomotive geführt wurden. Durch diese Technik konnte das an den Endbahnhöfen sonst notwendige Umsetzen der Maschinen entfallen. Aber warum denn Doppelstockwagen? Hierfür gab es vor allem zwei Gründe: Die LBE mußte für jede Achse Steuern zahlen und war deshalb natürlich bemüht, große neue Wagen mit möglichst wenigen Achsen

zu bauen. Wichtig für den Betrieb war es, die Wagen bei möglichst geringem Gewicht mit viel Fassungsraum für Reisende auszuführen. So ergab sich ein sechsachsiger Doppelstock-Doppelwagen mit rund dreihundert Sitzplätzen. Um diese Zeit war es sonst üblich, in den vierachsigen Wagen etwa achtzig Personen Sitzplätze anzubieten – und nun konstruierte man ein Fahrzeug, das bei etwa gleichem Fassungsvermögen wie vier Vierachser zehn (!) Achsen weniger hatte! Außerdem wog der Doppelwagen nur rund die Hälfte dessen, was vier Vierachswagen an Gewicht hatten. Diese Wagen wurden Vorbild für viele spätere Konstruktionen, nach ihrem Prinzip werden zum Beispiel im Ostblock und in Frankreich bis heute Doppelstockwagen gebaut. Der Possehl-Stiftung und den Verkehrsfreunden aus Lübeck ist zu verdanken, daß einer der Wagen als Museumsfahrzeug auch heute noch in Schleswig-Holstein betriebsfähig vorhanden ist.
Die LBE stellte ferner in Betrieb einen Dampftriebwagenzug mit Hochdruck-Schnelldampferzeuger, durch den die Aufrüstzeit (das Betriebsklarmachen) erheblich gesenkt werden konnte, zwei leichte Trieb- und Beiwagen, vier Kleinlokomotiven und rüstete einige vorhandene Tenderlokomotiven mit Stromlinienverkleidung aus. Auch Streckenausbauten wurden vorgenommen. Das Ganze kostete den »Pappenstiel« von mal eben zehneinhalb Millionen Reichsmark in zwei Jahren. Das war etwa ein Sechstel des zur damaligen Zeit bestehenden Aktienkapitals der LBE, eine ungeheure Summe, deren Einsatz aber eisenbahngeschichtlich hoch zu bewerten ist: Immerhin fuhren die Doppelstockzüge jetzt im »H-L Schnellverkehr« in vierzig Minuten von Hamburg nach Lübeck gegenüber vorher etwa sechzig Minuten. Die Vierzig-Minuten-Fahrzeit wird auch heute noch von nur wenigen Zügen unterboten.

»Verreichlicht« – verstaatlicht

Mitten in diese großartige Modernisierungsarbeit erreichte die LBEler, viele durch den Rundfunk, die Nachricht, daß »zur Förderung der Verkehrseinheit« die DR gedenke, die LBE ab 1. Januar 1938 zu übernehmen. Zwar hielt die Reichsbahn schon lange Jahre rund 87 Prozent des Aktienkapitals der LBE, diese war sozusagen wieder

Probefahrt mit Stromliniendampflok 1 und Doppelstockwagen der LBE um 1937

fast eine »staatliche Privatbahn«, doch konnte sie freizügig die vorgenannten Erneuerungen durchführen. Somit geschah, daß nach fast 35 Jahren wieder eine schleswig-holsteinische Privatbahn von der Staatsbahn übernommen wurde, und zwar eine sehr moderne, die einen Vergleich mit der Reichsbahn nicht zu scheuen brauchte!
Noch zwei weitere Privatbahnen sollten bald darauf »verreichlicht«, wie es damals hieß, werden: die Eutin-Lübecker Eisenbahn und die Kreis Oldenburger Eisenbahn im Jahre 1941. Die Verstaatlichungen sind ursächlich mit dem wieder auftauchenden Projekt einer schnellen Verbindung nach Nordeuropa zu sehen, in die Teile der LBE und der Kreis Oldenburger Eisenbahn integriert werden sollten; die ELE wurde wegen ihrer Durchgangsstreckenfunktion mit verstaatlicht.

Ebenfalls 1937: der Wendezug der LBE. Die Lokomotive wird elektrisch ferngesteuert vom Lokführer im vorderen Steuerabteil, nur der Heizer sorgt hinten auf der Maschine für den richtigen Dampfdruck

Räder müssen rollen . . .

Doch das Projekt der Vogelfluglinie konnte um diese Zeit nicht mehr zur Ausführung gelangen, denn 1939 entbrannte der Zweite Weltkrieg. Zumindest eisenbahnseitig waren für ihn schon manche Vorleistungen erbracht worden, wenn auch kaum jemand die Entstehung eines solchen Weltenbrandes vorausgeahnt haben mochte. So sind ab 1936 für Militärlager beispielsweise die Strecke Bornhöved-Trappenkamp an der Kiel-Segeberger Eisenbahn wie Fahrenkrug-Wahlstedt an der Strecke Bad Oldesloe-Neumünster und noch einige Anschlußbahnen mehr zu Militärflugplätzen wie Übungsplätzen entstanden.

Die großen Transportleistungen führten zu einer Abgabe vieler Lokomotiven und Wagen an die Fronten. Es wurden ersatzweise Lokomotiven aus besetzten Gebieten, vorzugsweise französische, in das Reichsgebiet gebracht, doch ob ihrer fremdländischen Bauart meist wegen Ersatzteilmangels bald abgestellt. So entstanden, auch durch das immer knapper werdende Personal, empfindliche Lücken in der Verkehrsbedienung. Einen weiteren Tribut forderte der Krieg: Auf zwei Strecken wurde der Gesamtverkehr eingestellt, um Schienen für den Ausbau von Strecken an der Ostfront zu gewinnen. So wurden ein Teil der nach Karolinenkoog führenden Strecke sowie die Bahn Bredstedt-Löwenstedt 1940 und 1942 abgebaut.
Im März 1942 wurden Angriffe auf Lübeck, 1943 auf Hamburg und gegen Kriegsende auf Neumünster als den Knotenpunkt Schleswig-Holsteins geflogen, die, wie viele andere, schwere Schäden hinterließen. Die Zerstörung von Neumünsters Bahnanlagen war fast total, ein Verkehr war hier nicht mehr möglich. Die Kleinbahn Kiel-Segeberg stellte zeitweilig den einzigen nach Süden führenden Anschluß aus Schleswig-Holstein dar. Man kann von Glück sprechen, daß unter den bedeutenden Kunstbauten auf freier Strecke, namentlich den Nord-Ostsee-Kanal-Brücken, kaum großer Schaden angerichtet wurde, nur die Lauenburger Elbbrücke wurde zwei Wochen vor Kriegsende noch zerstört.
Gegen Kriegsende war, auch als Folge der Zerstörungen, ein planmäßiger Verkehr kaum noch möglich, die Züge fuhren »wild« in Richtung »Heimat« und endeten oft irgendwo auf dem Lande, dort, wo es aus mancherlei Gründen nicht mehr weiterging.
Auch das Rollmaterial einiger weiter östlich gelegener Kleinbahnen kam so nach Westen und wurde hier, da es betriebstauglich war, freudig begrüßt. So okkupierte die Südstormarnsche Kreisbahn sogleich einen auf ihrem Gebiet angelangten Flüchtlingszug. In Betrieb waren in diesen Jahren nur noch Dampflokomotiven, Triebwagen aller Art mußten den sonst für sie verwandten Treibstoff den Panzern und Flugzeugen überlassen.
Mit der Kapitulation Anfang Mai 1945 endete auch in Schleswig-Holstein der Zweite Weltkrieg, alle Räder standen erst einmal still.

Wenige Neubauten – viele Stillegungen

Mit der Stunde Null machte man erst einmal Bilanz. Die Eisenbahn als kriegswichtige Einrichtung war häufiges Angriffsziel gewesen. Besonders schlimm sah es unter den Lokomotiven aus, von über 1600 in der Eisenbahndirektion Hamburg (bis 1937 Altona) beheimateten Lokomotiven waren kaum fünfzehn voll betriebsfähig. Der Wagenpark war zwar ebenfalls lädiert, doch wegen der nicht so komplizierten Technik zumindest teilweise einsetzbar.

Die ersten Fahrten nach Kriegsende versorgten die Besatzungstruppen, doch nach einigen Tagen verkehrten auch zur Versorgung der Bevölkerung bereits wieder einzelne Züge, z. B. für Milchtransporte. Wegen des großen Kohlenmangels erlaubten die Siegermächte ab Ende Mai 1945 Zugfahrten mit offenen Güterwagen in das Ruhrgebiet, natürlich auf Umwegen, da so manche Strecke unterbrochen war. Die leeren Güterzüge durften als Reisemöglichkeit genutzt werden, und sie wurden genutzt! Trotz der Unbequemlichkeiten machte sich mancher auf, Angehörige zu suchen.

War das Leben, zumal in den Städten, als Folge der Bombenangriffe schon schwer genug, so kam ein nicht enden wollender Strom von Flüchtlingen aus den Ostgebieten des damaligen Reiches in besonders großem Maße auch auf Schleswig-Holstein zu. Sie siedelten sich in Stadt und Land an, vor allem die Stadtgebiete konnten bald kaum mehr Menschen aufnehmen. Über alle brach dann der kalte Winter 1946/47 herein, der »Kohlenklau« ging um, war zum Überleben notwendig geworden. 1947 begannen die großen »Hamsterfahrten« in übervollen Zügen auf Puffern, Trittbrettern, Dächern, in Wagen ohne Scheiben, ohne Beleuchtung und mit stundenlangen Fahrzeiten – doch die Eisenbahn rollte wieder, wenn auch nur dürftig. Ungeheure Aufbauarbeit ist in den ersten Nachkriegsjahren von den Eisenbahnern, und nicht nur von ihnen, geleistet worden, in einer Zeit, in der ein heiler Fahrradschlauch eine Kostbarkeit darstellte und eine Improvisation die andere ablösen mußte.

Mit der Währungsreform 1948 und mit zielstrebiger Aufbauarbeit wurde das Leben wieder sinnvoller, zeigten sich erste Erfolge. Mußte auch vielerorts noch improvisiert werden, so stellte die Eröffnung der wiederhergestellten Lauenburger Elbbrücke durch den Rechtsnachfolger der DR in der Bundesrepublik Deutschland, die Deutsche Bundesbahn, DB, am 20. Mai 1951 einen gewissen Meilenstein dar. Nach dem Kriege waren die Eisenbahnen in Schleswig-Holstein nur noch über Hamburg mit dem übrigen Netz verbunden. Die drei nach Mecklenburg führenden Strecken waren gleich hinter Lübeck, bei Klein Zecher nahe Hollenbek und bei Büchen, unterbrochen, der letztgenannte Übergang wurde wegen des Berlin-Verkehrs mit dem 10. September 1949 wieder geöffnet, bis ihm rund zehn Jahre später, am 20. März 1960, der Lübecker Übergang folgte. Bei Klein Zecher blieb die Strecke für immer geschlossen.
Ursprünglich herrschten die West-Ost-Durchgangsverbindungen einmal vor. Durch die Spaltung Deutschlands wurden sie immer mehr zu Nord-Süd-gerichteten Hauptverbindungen. In gleicher Richtung war ein weiteres Problem besonders dringend geworden: die kürzere Verbindung mit Skandinavien. Der von Hamburg-Lübeck-Warnemünde-Gedser nach Kopenhagen führende Weg konnte wegen der politischen Lage nicht mehr benutzt werden, die Verbindung Hamburg-Flensburg-Kolding-Kopenhagen war wegen der langen Fahrzeit nicht sehr attraktiv. So baute man den vorhandenen Marinehafen Großenbrode um, errichtete eine Hochseefährverbindung und konnte ab 15. Juli 1951 bereits Güterwagen und Autos nach Gedser trajektieren, wofür mangels eines geeigneten deutschen Fährschiffes nur die »Danmark« der Dänischen Staatsbahnen einmal täglich hin und zurück verkehrte. Reisende hatten beiderseitig direkten Fähranschluß durch Triebwagen.
Ab 17. Mai 1953 konnte dann das erste DB-Hochseefährschiff, die »Deutschland«, ihren Dienst aufnehmen, die bereits in ihren Abmessungen für die geplante »Vogelfluglinie« ausgelegt war. Gleichzeitig wurde ein durchgehender Schnellzug, von Süden kommend über Lübeck-Großenbrode-Gedser, nach Kopenhagen eingerichtet, dem bald weitere Verbindungen folgten. Die beiden Fährschiffe erhielten Unterstützung durch zwei weitere dänische Fähren sowie ab

Am 28. März 1970: Triebwagen VT 80 der Kiel-Schönberger Eisenbahn
auf der Schwentinebrücke bei Kiel-Oppendorf

17. November 1957 durch die deutsche »Theodor Heuss«, so daß auch für den immer stärker ansteigenden Autotransport auf der Route genügend Kapazität vorhanden war.

Die Konkurrenz von Schiene und Straße

Die Nachkriegszeit war gekennzeichnet durch eine weitergehende Abwanderung von der Schiene auf die Straße – und das in einem

Erinnerung an die Kiel-Segeberger Eisenbahn, die 1961 eingestellt wurde: ein Bahnpoststempel von 1914

vorher nicht gekannten Maße. Die zur Ankurbelung der Wirtschaft gern gesehene Ausbreitung des Automobils hatte, vor allem durch stark zunehmenden Lastwagenverkehr, allerdings auch ihre Schattenseiten, die zuerst die Bahn, vor allem die Kleinbahnen trafen. In den fünfziger Jahren stellten sämtliche Schmalspurbahnen – außer der auf der Insel Sylt und der Bahn Itzehoe–Lägerdorf – ihren Betrieb ein; sie waren durch die immer teurer werdende Unterhaltung ihrer Schienenwege, die ja erst einmal erwirtschaftet werden mußte, nicht mehr konkurrenzfähig. Erschwerend kam hinzu, daß die Güter umgeladen werden mußten (bis auf Owschlag–Eckernförde). Dem Omnibus- und Lastwagenverkehr hingegen wurde nur ein Bruchteil der ihretwegen für Straßenbauten ausgegebenen Beträge durch Steuerlasten auferlegt. So haben einige Kleinbahnen sich selbst einen Omnibus- und Speditionsverkehr angegliedert, der ihr altes Aufgabengebiet eben dieser geringeren Belastungen wegen bald übernahm. Unter den Normalspurbahnen hatte die Schleswiger Kreisbahn kurzfristig den Verkehr nach dem Kriege auf dem noch vorhandenen Reststück der Strecke nach Friedrichstadt aufgenommen und schon 1950 wieder eingestellt. Weitere Stillegungen in dieser Zeit gab es im osthamburgischen Raum. Die Südstormarnsche Kreisbahn sowie die drei Strecken der Bergedorf-Geesthachter Eisenbahn wurden bis 1953 im Personenverkehr auf Omnibusbetrieb umgestellt, während der Güterverkehr zwischen Tiefstack und Glinde, Bergedorf und Geesthacht als Rest des Netzes weiter bestehen blieb. Der geringe Personenverkehr auf der Südstormarnschen Kreisbahn, der »Vierländerbahn« Bergedorf–Zollenspieker und vor allem der »Marschbahn« Geesthacht–Zollenspieker–Billwerder-Moorfleet, welche die

Auch nach dem zweiten Weltkrieg fuhr die Sylter Inselbahn noch mit Dampf durch die Dünen. Vor dem gemischten Zug: die Lok No. 8 (ex 2)

Straßensiedlungen nur schnitt und nicht in Längsrichtung bediente, macht die »Verkraftung« verständlich. Ganz im Gegensatz zur Hauptstrecke der Bergedorf-Geesthachter Eisenbahn, deren Umstellung auf Busverkehr durch die Gründung der Verkehrsbetriebe Hamburg-Holstein fast nur aus politischen Gründen erfolgt zu sein scheint; der Personenverkehr war hier immer bedeutend. Für den wieder verhältnismäßig geringen Güterverkehr entfernte man, wie schon nach 1918, das zweite Streckengleis, die Schranken und Stellwerke, so daß erneut eine Kleinbahn entstand. Der noch verbliebene Eisenbahnbetrieb der Bergedorf-Geesthachter Eisenbahn sowie der Süd-

stormarnschen Kreisbahn wurde der Altona-Kaltenkirchen-Neumünster-Eisenbahngesellschaft angegliedert.
Zwei Streckenneubauten wurden um jene Zeit ausgeführt. Eine Normalspurstrecke auf anderer Trasse wurde am 19. November 1951 von Itzehoe nach Lägerdorf eröffnet, nur für Güterverkehr bestimmt. Sie ersetzte jedoch nicht die zwischen diesen Orten fahrende Schmalspurbahn, die schon lange als Industriebahn dem innerbetrieblichen Verkehr eines Zementwerkes diente.
Am 13. Mai 1953 nahm die *Alsternordbahn* ihren Betrieb auf. Als reine Vorortbahn erschließt sie von der Endstation der Hamburger Hochbahn, Ochsenzoll, bzw. ab 1. Juni 1969 Garstedt, das nördlich von Hamburg gelegene Wohngebiet bis Ulzburg. Erst in jüngster Zeit, 1973, wurde hier für ein Neubauindustriegebiet eine Erschließungsbahn nach Harkshörn eröffnet. Auf der Alsternordbahn verkehrten in der Anfangszeit Akkumulatoren-Triebwagen, die sich wegen der kurzen Haltestellenabstände und des durch häufiges Anfahren bedingten hohen Energieverbrauchs (durch den fehlenden Auslauf der Wagen) nicht bewährten und von Dieseltriebwagen abgelöst wurden.
Viele der noch Anfang der sechziger Jahre bestehenden Privatbahnen mußten inzwischen ihren Personenverkehr und häufig auch den Güterverkehr an die Straßenkonkurrenz abgeben. So stellten 1961 die Kiel-Segeberger Eisenbahn mit der Anschlußbahn nach Trappenkamp und 1964/67 die Lübeck-Segeberger Eisenbahn ihren Gesamtverkehr ein, die Strecken wurden abgebaut.
Die Uetersener Eisenbahn stellte den Personenverkehr 1965 ein, obwohl die Beförderungsleistungen noch gut waren. Der Hauptgrund hierfür war vor allem darin zu sehen, daß man durchgehende Autobusverkehre schaffen mußte, die zu den Wohngegenden Uetersens führten, welche sich in genau entgegengesetzter Richtung, nämlich vom Bahnhof weg, entwickelt hatten.
Die Satruper Strecke der Schleswiger Kreisbahn, die nur kleine Ortschaften berührte, wurde 1965 auf Omnibusverkehr umgestellt, die Strecke Schleswig Altstadt–Süderbrarup–Kappeln folgte Anfang der siebziger Jahre. Nur ein geringer Güterverkehr wird auf eingeschränktem Schienennetz noch heute durchgeführt.

Heute schon Geschichte: Zwei Triebwagen der Rendsburger Kreisbahn, T 2 und T 1, begegnen sich am 14. Juli 1956 im Bahnhof Luhnstedt

Aus Bahnen wurden Museen

Die Kiel-Schönberger Eisenbahn stellte zwischen Schönberg und Schönberger Strand ihren Gesamtverkehr ein, ein Eisenbahnfreunde-Verein hat diese Strecke zur Durchführung musealer Dampfzugfahrten in den Sommermonaten übernommen. An den Wochenenden kann man hier nachvollziehen, wie unsere Vorfahren um die Jahrhundertwende gereist sind. Natürlich gibt es die 3. Klasse mit Holzbänken wie auch die Polsterklassen, diese teils sogar mit Plüsch. Im gut doppelten Fußgängertempo hat man die vier Kilometer lange Strecke in einer Viertelstunde durchfahren – und selbstverständlich

gibt es auf der Reise genügend Schienenstöße, die die »richtige« Eisenbahn ja kaum noch kennt. Viele alte Eisenbahn- und auch Straßenbahnfahrzeuge sind im Bahnhofsgelände am Schönberger Strand außerdem abgestellt und zeigen eine bunte Vielfalt dessen, was Väter, Großväter und Urgroßväter als Transportmittel kannten.
Auf dem Abschnitt Schönberg–Kiel verkehrt wochentags in jeder Richtung nur ein Zug: Einer notwendigen Lokomotivleerfahrt wird ein Personenwagen angehängt und so eine zusätzliche Fahrgelegenheit zu den sonst verkehrenden Omnibussen in der Hauptverkehrszeit geboten. Ein Beispiel, das zeigt, wie verantwortungsvoll manche Privatbahn wirtschaftet.
1970 stellten auch Schleswig-Holsteins letzte Schmalspurbahnen – die Wandsbeker und Altonaer Industriebahn kamen 1937 mit zu Hamburg – ihren Schienenverkehr ein. Die 860-mm-Spur-Bahn Itzehoe–Lägerdorf gab ihren Betrieb auf, ebenfalls die auf Sylt verkehrende Meterspurbahn. Diese Inselbahn hatte nach und nach die für sie passenden Triebwagen und Personenwagen von vielen der vorher stillgelegten Schmalspurbahnen erworben und stellte in den letzten 15 Jahren ihres Bestehens ein regelrechtes lebendiges norddeutsches Schmalspurbahn-Museum dar, mit dem Mut auch zu ungewöhnlichen Lösungen wie den eigenwilligen Sattelschlepper-Leichttriebwagen. Ebenso ungewöhnlich war die nach dem Zweiten Weltkrieg erfolgte Umkonzessionierung zu einer Straßenbahn (mit Dieselbetrieb!) aus den Betrieb erleichternden Gründen. Und noch etwas Besonderes gab es wegen des großen Sommerverkehrs – eine Menge Zeitpersonal fuhr als Schaffner, in kurzen Hosen und mit offenem Hemd, denen man die Berechtigung zur Fahrgeldabnahme nur durch die umgehängte Schaffnertasche ansah.
Eine umstrittene Stillegung wurde 1973 mit dem Streckenstück Barmstedt–Bad Oldesloe der Elmshorn-Barmstedt-Oldesloer Eisenbahn vollzogen, da der tägliche Güterzug noch Überschüsse erwirtschaftete, hingegen war der Personenverkehr stark defizitär. Als um 1977/78 auch die Stillegung der restlichen Strecke, die Vorortbahncharakter hat, akut wurde, gelang es Bürgern und Gemeinden durch überzeugende Argumente, die Einstellung abzuwenden, man konnte den höhere Kosten verursachenden Betrieb von

Zuu-gleich! Auf dem Kleinbahnhof in Bad Segeberg wird der Beiwagen des Schienenbusses der Lübeck-Segeberger Eisenbahn im September 1961 mit der Hand rangiert – bei vielen Kleinbahnen beliebt; denn so muß nur eine Weiche gestellt werden

Omnibussen in diesem Fall nachweisen. Elmshorn-Barmstedt bleibt somit für den Güter- wie Personenverkehr in Betrieb, die für allgemeinen Verkehr gesperrte Strecke Barmstedt-Ulzburg ist nur noch für Überführungsfahrten zur Hauptwerkstatt der Altona-Kaltenkirchen-Neumünster-Eisenbahn in Kaltenkirchen vorhanden, da hier die Unterhaltung der Triebfahrzeuge vorgenommen wird.
Die Eisenbahngesellschaft Altona-Kaltenkirchen-Neumünster betreibt noch in vollem Umfange Personen- und Güterverkehr. Vor allem das Streckenstück Hamburg-Kaltenkirchen wurde von Grund auf erneuert, da als Vorortbahn ein sehr reger Personenverkehr abgewickelt wird. Die älteren Triebwagen wurden, soweit sie nicht für den geringere

Bedeutung besitzenden nördlichen Streckenabschnitt gebraucht werden, durch neuentwickelte Triebzüge ersetzt.
Die Alsternordbahn, die Elmshorn-Barmstedt-(Oldesloer) Eisenbahn und die Altona-Kaltenkirchen-(Neumünster)-Eisenbahn sind 1966 dem Hamburger Verkehrsverbund beigetreten und dürften in der jetzigen Ausdehnung noch manche Jahre Dienst versehen.
Noch eine Privatbahn gibt es in Schleswig-Holstein, die in vollem Umfange Güter- und Personenverkehr durchführt, die Kleinbahn Niebüll – Dagebüll. Sie ist vor allem im Sommer als Zubringer zu den Schiffen nach Föhr und Amrum weiterhin notwendig, ihre Bedeutung im Personenverkehr beweist die Tatsache, daß sie als Privatbahn Kurswagenverkehr aufweist.
Natürlich blieb auch die Staatsbahn von der Autokonkurrenz nicht verschont. Schon in den fünfziger Jahren wurden die ersten Nebenstrecken auch der DB stillgelegt, wobei teilweise der Güterverkehr bis heute beibehalten wurde. Einige der ehemaligen Durchgangsstrecken wurden dabei in der Mitte zwischen zwei Bahnhöfen unterbrochen, so daß Stichbahnen entstanden, auf denen der Güterverkehr jeweils von den noch bestehenden Anschlußbahnhöfen aus bedient wurde. Die Fülle der auf diese Weise eingestellten, unterbrochenen bzw. ganz beseitigten DB-Strecken läßt eine Einzelbeschreibung nicht zu, Auskunft über die Stillegungen gibt die Tabelle. Grund für die Einstellungen war fast immer das gering gewordene Verkehrsaufkommen; ein Spezialfall ist jedoch der Bau der Vogelfluglinie, die zum Teil alte Bahnstrecken ersetzte.

Die »Vogelfluglinie«

Das damals bereits hundert Jahre alte Projekt einer Brücke über den Fehmarnsund und einer kurzen Fährfahrt über den Fehmarnbelt mit Anschluß nach Dänemark wurde 1959 in Angriff genommen. Die Strecke wurde von Großenbrode aus nördlich mit einer großen Brücke in »Kleiderbügel«-Form als Hauptbahn mit neuen Anschlüssen der auf Fehmarn bestehenden Eisenbahnstrecken sowie dem Neubau des großen Fährbahnhofes Puttgarden am 14. Mai 1963 in

Der Vorläufer der Vogelfluglinie: Dampffähre »Fehmarn« der Kreis Oldenburger Eisenbahn beim Trajektieren eines Triebwagens, etwa in den dreißiger Jahren, im Fährbett Fehmarnsund

Betrieb genommen. Einige Linienverbesserungen wurden zwischen Neustadt und Großenbrode ebenfalls vorgenommen, die Strecke erhielt als eine der ersten deutschen Strecken Zugbahnfunk und wurde signaltechnisch völlig erneuert, Weichen und Signale werden von Puttgarden aus bis Bad Schwartau ferngesteuert. Mit dieser Inbetriebnahme endete der Fährbetrieb über einerseits den Fehmarnsund zwischen Großenbrode-Fähre und Fehmarnsund (Ort) mit den kleinen Fährschiffen zur Verbindung der Insel mit dem Festland, andererseits konnte die rund 69 Kilometer lange Fährverbindung Großenbrode Kai-Gedser jetzt durch die nur etwa 19 Kilometer lange Fährfahrt Puttgarden-Rødby Havn ersetzt werden. Die Schaffung dieser Verbindung sollte ein großer Erfolg werden, die Zahl der übergesetzten Eisenbahn- und Straßenfahrzeuge sowie Passagiere ist bis heute unaufhörlich gestiegen. Mit der Indienststellung einer neuen, noch größeren »Deutschland« hat die DB dem Verkehrsaufkommen Rechnung getragen.

Besonderheiten auf Schienen

Eine neue Eisenbahnfährverbindung wurde 1975 in Betrieb genommen, die von Lübeck-Travemünde Skandinavienkai nach Hanko in Finnland Güterwagen trajektiert. Das Fährschiff »Railship I« ist das größte Eisenbahnfährschiff der Welt. Zur besseren Abwicklung des inzwischen gut angelaufenen Verkehrs wurde ab Lübeck-Kücknitz von der alten nach Travemünde führenden Strecke eine neue Anbindung des Skandinavienkais vorgenommen. Für diese Fährverbindung wurden besondere, wegen der finnischen 1524-mm-Spur umspurbare, Großraum-Vierachsgüterwagen eingeführt.
Zwei weitere Strecken Schleswig-Holsteins bieten Besonderheiten. Es sind dieses die Bedienung von Burg a. F. mit Reisezügen nur im jeweiligen Sommerfahrplan sowie die seit vielen Jahren ebenfalls nur über Sommer betriebene Eisenbahnstrecke Niebüll–Tønder, gleichfalls aus Touristikgründen.

Neues Material

Eine uns heute wohlvertraute Änderung wurde 1956 international eingeführt, das Zweiklassensystem. Die alte 1. und 2. Klasse legte man zu einer neuen 1. Klasse zusammen, die 3. Klasse wurde nunmehr »Zweiter«. Es war eine vorhersehbare Reaktion auf die wachsenden Komfortansprüche, die bei Neubauten schon vorher in allen Klassen Polstersitze vorsah, mit Ausnahme von Traglastenabteilen. Die Vorkriegswagen wurden nach und nach ebenfalls umgebaut oder ausgemustert. Viele der drei- und vierachsigen Abteilwagen erhielten einen neuen Wagenkasten und wurden Durchgangswagen, die Dreiachser sind inzwischen fast alle aus dem Verkehr gezogen. Ein neu konzi-

pierter Nahverkehrs-Wagentyp erschien, der »Silberling«, wegen seiner Nirosta-Ausführung so genannt. Diese Leichtbauwagen sind zu einem festen Bestandteil der Eisenbahn in Schleswig-Holstein geworden, bis auf einige Berufszüge fahren sie regelmäßig vor allem im Nahverkehr.
Für den Fernverkehr wurden die ersten Schnellzugwagen selbsttragender moderner Bauart Anfang der fünfziger Jahre in Dienst gestellt, sie prägen, weiterentwickelt, das Bild vieler Züge.
Die neuentwickelten Reisezugwagen sind im allgemeinen vierachsige Drehgestellwagen, da diese Bauart sowohl dem Komfortbedürfnis als auch unterhaltungsmäßigen Belangen entgegenkommt.
Im Güterwagenpark fällt auf, daß sich in den letzten Jahrzehnten eine immer weitergehende Spezialisierung für den Transport der verschiedenen Güter herausgebildet hat. Neben den in großer Zahl eingesetzten Kesselwagen, speziellen Schüttgutwagen für Kohle und Erze, geräumigen, das Umgrenzungsprofil ausnutzenden Wagen für den Transport von leichten Isolierstoffen und Autotransportwagen kam eine neue Umschlagtechnik zur Anwendung, die sich beachtlich entwickelte, der Containertransport. Als Containerwagen dienten zunächst die vorhandenen Flachwagen, später entwickelte man spezielle Containertransportwagen. Es gibt darüber hinaus noch sehr viele besonderen Beförderungsfällen gerecht werdende Wagen, z. B. die vielachsigen Tiefladewagen. Nachdem bis Ende der sechziger Jahre Zweiachser von immer längerer Konstruktion vorherrschten, geht auch im Güterwagenbau der Trend zum Vierachser, da die Geschwindigkeiten der Güterzüge stark stiegen und Vierachser wesentlich ruhiger und schonender laufen.
Der augenscheinlichste Strukturwandel vollzog sich jedoch bei den Triebfahrzeugen. War nach dem Zweiten Weltkrieg in der Aufbauphase noch so manche Dampflok wieder zum Rollen gekommen, so wurde sie nach und nach durch modernere Traktionsarten abgelöst, in Schleswig-Holstein fast ausnahmslos durch Dieseltraktion. Zuerst wurden diejenigen Dienste verdieselt, die standaufwendig sind und wenige Kilometer abzufahren haben, z. B. Nebenbahnen und der Rangierdienst, denn eine Dampflok verbraucht auch im Stand gewisse Energie und natürlich Bedienungspersonal. Außerdem konnte

man bei vielen der Leistungen auf einen zweiten Mann auf der Lokomotive verzichten, man baute statt dessen eine Sicherheitsfahrschaltung ein, so daß sich besonders durch das Wegfallen des Personals kostengünstig wirtschaften ließ.
Es entstand auf dem Sektor der Nebenbahnen der allbekannte Schienenomnibus, der, da er besonders billig sein sollte und nur als Nachkriegs-Fahrzeugmangel-Aushilfe für rund zehn Jahre Einsatzdauer geplant war, als Zweiachser ausgeführt wurde. Er war jedoch so gut geraten, daß er bis heute noch auf mancher Strecke im Einsatz steht.
Eine vierachsige Alternative entstand bald darauf, jedoch elektrisch aus Akkumulatoren betrieben, eine zuverlässige Betriebsart, die sich aber wegen der schweren Batterien und der beschränkten Aktionsradien nicht durchsetzen sollte. Auf den relativ lange ohne Halt durchfahrenen ebenen Strecken Schleswig-Holsteins allerdings ist der Akkutriebwagen recht geeignet und häufig anzutreffen.
Für den Rangierdienst wurde eine dreiachsige Rangierlok entwickelt, die, in großer Zahl eingesetzt, noch heute den Verschub vieler Bahnhöfe versieht. Weiterhin beschaffte man für untergeordnete Dienste weiterentwickelte Kleinlokomotiven.

Dampfzug ade!

Die vorbeschriebenen Gattungen lösten vor allem die Tenderlokomotiven ab, der Verkehr der größeren Schlepptenderlokomotiven sollte erst mit Auftauchen der Streckendiesellokomotiven der Baureihen V 200, V 100 und V 160 Mitte der sechziger Jahre einen empfindlichen Einbruch erleiden. Mit dem Winterfahrplanwechsel 1972/1973 endete dann der Dampfbetrieb in Schleswig-Holstein bei der DB, es waren genug Lokomotiven der Baureihe 218, die heute den größten Bestand an Maschinen in Schleswig-Holstein stellt, vorhanden.
Nur die Deutsche Reichsbahn in der DDR kam noch ein halbes Jahr länger mit ihren Dampfloks nach Hamburg, bis Büchen vereinzelt auch noch später.
Wer heute in Schleswig-Holstein noch Dampfloks in Betrieb sehen möchte, sollte sich im Sommer an Wochenenden nach Schönberg bei

Am 23. September 1972, kurz vor dem Ende des Dampfbetriebes in Schleswig-Holstein, fuhr 012 077 der DB mit einem Sonderzug über die Fehmarnsundbrücke nach Puttgarden. Das seltene Ereignis eines Dampfzuges auf dieser Brücke veranlaßte viele, ein Erinnerungsfoto zu schießen

Kiel begeben, hier finden regelmäßige Dampfzugfahrten mit alten Wagen statt. Bisweilen verkehrt ein solcher Museumszug auch zwischen Bergedorf Süd und Geesthacht sowie auf einem kurzen Abschnitt nahe Aumühle.
Der Betrieb mit elektrischen Fahrzeugen beschränkt sich auf die kurzen Abschnitte der Hamburger Gleichstrom-S-Bahn nach Wedel, Pinneberg und Aumühle sowie den Einsatz einiger Akkumulatorentriebwagen. Sämtliche anderen Leistungen sind verdieselt.

Der Kreis schließt sich

Die Entwicklung der Eisenbahn in Schleswig-Holstein ist bemerkenswert. Aus den gut hundert Kilometern des Jahres 1844 wurde ein Streckennetz von etwa 2840 Kilometern, das Anfang 1920 die größte Ausdehnung besaß. Die Gebietsveränderungen von 1920 ließen das Netz bereits um 600 Kilometer schrumpfen, steigender Individualverkehr führte zum heutigen Stand von etwa 1680 Kilometern betriebener Strecken.

Trotz einer immer noch wachsenden Motorisierung und den um 1975 bekanntgewordenen drastischen Pläne für Stillegungen weiterer Bahnstrecken sieht es derzeit nicht so aus, als ob das – besonders wegen seiner geringeren Bevölkerungsdichte – betroffene Schleswig-Holstein eine starke Beschneidung des noch vorhandenen Streckennetzes erwarten muß. Es gibt einleuchtende Gründe für diese Annahme. Der aus der geringen Reibung zwischen Rad und Schiene resultierende niedrige Rollwiderstand von Eisenbahnfahrzeugen macht es möglich, verhältnismäßig energiearm auch größere Lasten zu befördern und dabei hohe Geschwindigkeiten zu erreichen. Das sind Fakten, die gerade heute, im Zeichen knapper werdender Energie, wieder bedeutsam sind. Die geringe Umweltbelastung trägt ebenfalls dazu bei, die Bahn bei Politikern Sympathie finden zu lassen. Von Bedeutung ist auch die Erkenntnis, daß die Bahn aus volkswirtschaftlicher Sicht immer noch das günstigste Transportmittel ist.

Pläne, Bahnstrecken in Schleswig-Holstein auf elektrischen Betrieb mit Oberleitung umzurüsten, gibt es bislang leider nicht. Es bleibt aber zu hoffen, daß dennoch wenigstens die bedeutendsten Strecken eines Tages auf diese umweltfreundliche und zudem noch leistungsfähigere Betriebsart umgestellt werden.

Verdankten die frühen Bahnbauten ihre Anlage dem Bestreben, den Transithandel in Schleswig-Holstein zu erleichtern, so erkannte man schon bald auch die Bedeutung für die innerstaatlichen Transporte: Bahn um Bahn entstand für diesen Verkehr. In der letzten Ausbau-

phase schließlich wurden die Kleinbahnstrecken auch dem gewachsenen Personenverkehr gerecht. Gerade bei diesen Strecken aber begann dann – als Folge des zunehmenden Individualverkehrs – auch der Abbau: Ihre geringere Verkehrsbedeutung ließ sie, wie auch minder wichtige Neben- und Hauptstrecken, als erste dem Rotstift zum Opfer fallen. Daneben wurden zahlreiche kleinere Stationen noch bestehender Strecken aufgegeben. Bestehen blieb die Bedienung kleinerer Ortschaften, die wegen ungünstiger Straßenführung durch ersatzweisen Linienverkehr mit Omnibussen nicht oder nur schlecht erreicht werden können.
Im Gegensatz zur Flächenbedienung im Binnenverkehr Schleswig-Holsteins steht die Entwicklung des Fernverkehrs, auch – und gerade – über die Grenzen hinaus. Der Reiseverkehr auf der Vogelfluglinie ist ein Beispiel hierfür. Der Transitgüterverkehr auf der Schiene steigt ständig, und das geschieht nicht zuletzt auch wegen eines wachsenden Sicherheitsdenkens. Vor allem der Transport gefährlicher Güter soll auf möglichst weiten Strecken über den sicheren Schienenweg abgewickelt werden.
Hier schließt sich der Kreis. Der Verkehr über weite Strecken und im Transit durch Schleswig-Holstein war Ausgangspunkt für die Anlage der ersten Eisenbahnverbindungen gewesen. Mögen sich auch Umstände verändert haben und neue Gründe aufgetreten sein, die das Bild von einst gewandelt haben, die Grundidee blieb auch nach 140 Jahren Eisenbahngeschichte in Schleswig-Holstein die gleiche: dem erkannten Verkehrsbedarf in optimaler Weise zu dienen.

Quellennachweis

(Auszug)

Altona-Hamburg-Lübecker Eisenbahn und noch Jemand. Hamburg 1837

Kieler Comité: Holsteinische Eisenbahn. Kiel 1840

Friedrich Freiherr von Reden: Die Eisenbahnen Deutschlands. Berlin, Posen und Bromberg 1845

Dr. Otto Hedrich: Die Entwicklung des schleswig-holsteinischen Eisenbahnwesens. Kiel 1915

Dr. Th. Cords: Zur Geschichte der Lübeck-Segeberger Eisenbahn. Lübeck 1937

Horst Lehne: Die elektrische Kleinbahn Altrahlstedt-Volksdorf-Wohldorf. Hamburg 1954/1959

Helmuth Bombe: Zur Geschichte der schleswig-holsteinischen Eisenbahnen. Kiel 1956

Hans Herbert Frohn: Die Lübeck-Büchener Eisenbahn-Gesellschaft. In: Hamburger Blätter für alle Freunde der Eisenbahn, Sonderausgabe 1965

Erich Staisch: Hamburg und die Eisenbahn. Eppstein 1969

Deutsche Gesellschaft für Eisenbahngeschichte: Jahrbuch Band 2 und 3. Karlsruhe 1969 und 1970

Hans Kobschätzky: Streckenatlas der deutschen Eisenbahnen 1835–1892 und 1893–1935. Düsseldorf 1971

Gerd Wolff: Deutsche Klein- und Privatbahnen. Gifhorn 1972

E. L. Parbøl: Altona–Kiel, Christian VIIIs Østersø Jernbane. Dansk Jernbane Klub

Lichte, Ungerbieler: Die Uetersener Eisenbahn. Hamburg 1973

Niels Jensen: Sønderjyske Jernbaner. København 1975

Käthe Molschen: Die Handelsbank in Lübeck 1856–1956. Festschrift zum 100jährigen Bestehen der Bank. Hamburg 1956

Verein Lübecker Verkehrsfreunde: 125 Jahre Eisenbahn in Lübeck · Lübeck 1976

Außerdem wurde u. a. Material aus folgenden Zeitschriften ausgewertet:

eisenbahn-magazin (Moderne Eisenbahn)
Eisenbahn-Kurier
Hamburger Blätter für alle Freunde der Eisenbahn
Die Kleinbahn
Organ für die Fortschritte des Eisenbahnwesens
Zeitschrift für Kleinbahnen
Zeitschrift des Vereins Deutscher Ingenieure

Material, insbesondere auch Fotos aus ihren Sammlungen, stellten dem Verfasser zur Verfügung:

Deutsche Bundesbahn
Peter Franke, Lübeck
Manfred Hohmann, Hamburg
Ullrich Huckfeldt, Hamburg
Harald O. Kindermann, Hamburg
Landesamt für Denkmalschutz, Kiel
Landesarchiv Schleswig-Holstein, Schleswig
Dierk Lawrenz, Handeloh
Museum für Hamburgische Geschichte
Peter Pekny, Hamburg
Photo-Pförtner, Westerland
Dr. Christa Pieske, Lübeck
Jürgen W. Scheutzow, Hamburg
Gerd Schrammen, Lübeck
Foto-Schweim, Uetersen
Staatsarchiv Hamburg
Günther Ungerbieler, Hamburg
Heinz Weiemann, Lübeck

Register

№
Dieser Schein wird an
Eisenbahn-Gesellschaft wie
genommen und bis zum
Lübeck, den 23. Oktober 1923.
der